彩色宝石

名家教你识别与选购

Caise Baoshi Mingjia Jiaoni Shibie Yu Xuangou

肖永福　孟 龚　编著

云南出版集团公司
云南科技出版社
·昆明·

图书在版编目（CIP）数据

彩色宝石 ： 名家教你识别与选购 / 肖永福， 孟龑编著. -- 昆明 ： 云南科技出版社， 2013.12
ISBN 978-7-5416-7878-3

Ⅰ. ①彩… Ⅱ. ①肖… ②孟… Ⅲ. ①宝石－鉴定②宝石－选购 Ⅳ. ①TS933

中国版本图书馆CIP数据核字(2014)第001354号

责任编辑：赵　敏
　　　　　张向清
封面设计：邓兴艳
整体设计：托巴克文化传播
责任校对：叶水金
责任印制：翟　苑

云南出版集团公司
云南科技出版社出版发行
（昆明市环城西路609号云南新闻出版大楼　邮政编码：650034）
昆明富新春彩色印务有限公司印刷　全国新华书店经销
开本：787mm×1092mm　1/16　印张：12.75　字数：240千字
2014年2月第1版　2014年2月第1次印刷
定价：68.00元

FOREWORD

前　言

我已经出版了三本关于翡翠的书，感谢各位读者的厚爱，每本书出版后都很快售完又重印。云南珠宝界各位同仁建议我写一本关于彩色宝石的书，在各位的鼓励下，七十三岁年龄的我，又迸发写书的念头，决定写这一本关于彩色宝石的书！

我从 1979 年担任云南省地质博物馆第一任馆长以来，就凭自己微薄的工资多方收集并购买了各种有色宝石，在我离开此岗位时曾将全部标本送给了博物馆，我还多次在国家文物局扬州文物培训中心、杭州文物培训中心、云南文物局、西南三省文物机构举办的全国、全省文物培训班，云南省珠宝协会举办的 9 次珠宝培训班中讲授珠宝鉴别知识；受邀到澳门理工大学及金业同业公会培训班讲授彩色宝石知识。多年的讲课和培训工作，不但积累了一定的珠宝知识，也收集到了各类彩色宝石标本。

如今国处盛世，人民生活水平提高，对各种宝玉石的欣赏、购买和收藏蔚然成风，但目前尚无一本适合大众对彩色宝石知识的追求且又通俗易懂的普及性图书。因此，笔者也就不怕大珠宝商家、大珠宝学者品头论足而大胆推出这本拙作，希望读者能通过此书了解一些彩色宝石方面的相关知识内容，增加对彩色宝石的兴趣，也避免在实际投资购买中上当受骗！

本书由肖永福主笔；材料的收集、初稿中的许多外文资料的收集翻译及部分章节的编写、校勘改错由孟龚完成，算是爷孙俩合作的产物吧！

肖永福简介

1963 年毕业于昆明工学院地质系，大学毕业后即分配到云南省地矿局从事地质档案管理工作， 高级工程师，JAC 珠宝鉴定师。

曾任：云南省地质博物馆第一任馆长，中国地质学会科普委员会委员，中国宝玉石协会理事，云南省珠宝协会第一、第二届秘书长、副会长，云南省科普作家协会理事，云南省石产业促进会科技顾问，云南省观赏石协会顾问，云南省收藏家协会副会长、秘书长，云南省珠宝玉石首饰行业协会专家委员会主任，云南珠宝学院客座教授，中国民生银行昆明分行珠宝评估专家委员会主任。

多次赴澳门理工大学及协会、澳门金业同业公会及澳门消费者委员会讲授珠宝文化知识。

近年来，主要从事翡翠研究和普及活动，为昆明市旅游局培训导游人员 12000 余人次。出访考察了美国图桑国际珠宝博览会、欧洲珠宝展、印度珠宝展、缅甸公盘、香港澳门国际珠宝展览等，并对广东、云南的珠宝市场进行了深入调研。

多次受到中国宝玉石协会、中国地质学会、云南省珠宝协会等单位的嘉奖。

多次担任省级档案、珠宝方面的高级职称评委及主任。

长期从事珠宝尤其是翡翠的研究与教学，培养学生上万名，现为云南省石产联、云南省珠宝协会、云南省珠宝文化促进会、云南省观赏石协会高级顾问，珠宝协会专家委员会主任，发表珠宝方面文章 360 余篇，出版翡翠方面的著作三部：《翡翠鉴赏与投资》《翡翠精品鉴赏》《赌石・秘诀》。

多次在 CCTV-4 走遍中国、CCTV-10 地理中国、云南人民广播电台、云南电视台、昆明电视台介绍有关珠宝的知识。

2012 年荣获“云南省珠宝石产业做出突出贡献奖”。

孟龑简介

1989 年 8 月生，2007 年 9 月 ~ 2011 年 6 月大学本科，大学期间 2010 年 3 月顺利通过英国宝石协会考试被授予宝石学证书（FGA）。2011 年 9 月就读中国地质大学（北京）珠宝学院“珠宝评估与商贸”硕士研究生专业。

近年来，多次跟随导师、自己外公考察了美国图桑国际珠宝展览，香港澳门国际珠宝展览，广东、云南等地的珠宝市场；在《云南珠宝》2012 年 2 期、6 期杂志刊登了“美国图桑国际珠宝展览考察见闻”“香港的珠宝视觉盛宴”。协助完成了《翡翠精品鉴赏》《赌石・秘诀》两书的出版，在此《彩色宝石——名家教你识别与选购》中担任了材料收集、外文资料的收集翻译及部分章节的编写、校勘、改错。

CONTENTS

目 录

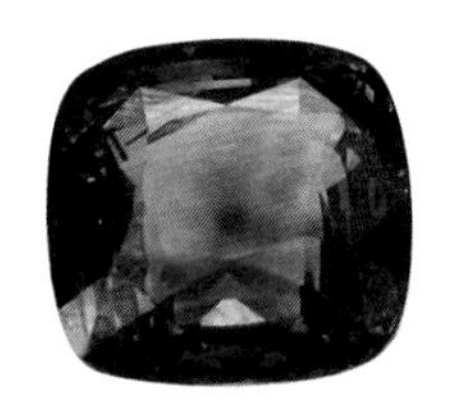

第一章 Chapter 1
彩宝的相关知识

> Colored Gemstone Knowledge

> 红宝石、蓝宝石和钻石搭配的胸针

彩宝是彩色宝石的简称（本书统一简称“彩宝”），关于它的学科叫宝石学。这是一门专门研究产于自然界的或者人造的各种带有色彩的宝石的形成、物理化学性质、琢磨和生产工艺、镶嵌工艺、商业价值以及购买者、收藏者选择各种宝石的心理因素等的学科。因此，这门学科是在岩石学、矿物学、结晶学、工艺美术学、商品学以及行为科学、购买心理学等学科基础上建立和发展起来的一门综合学科。

随着科学研究的不断发展，研究领域、研究深度不断拓展，社会物质文化水平的不断提高，人们对各种彩宝及其加工镶嵌的成品的追求，特殊的收藏爱好以及社会购买力的不断提升都促进了对彩宝的寻找、琢磨和宝石的改色、染色、杂质清除、人工仿造、质量鉴定、真假区别、价格评估等方面内容的增加和丰富，使彩宝学这门学科逐渐丰富和完善。

任何一门学科都有构成这门学科的基础理论、研究方法和研究手段。为了学习彩宝的知识，必须先了解各种彩宝是如何生成的，它们都有些什么最基本的共性，各种不同彩宝又为什么有自己独特的色彩和耀眼的闪光等。为此，在介绍各种彩宝之前，还请读者耐心地学一点有关彩宝身世的知识。

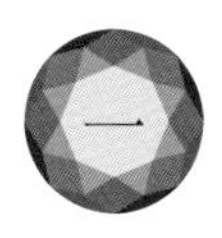

彩宝的物理化学特性

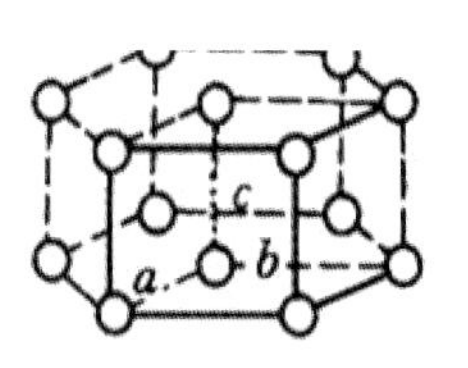

>美国国际珠宝展览会上五颜六色、形状各异的宝石组成了彩宝的“盛宴”

各种天然彩宝都是地球母亲给人类的慷慨馈赠，它们都是在地球形成的46亿年漫长的历史中产生的。

组成地球的基本物质是岩石。

岩石是由天然产生的、具有一定结构和构造的矿物集合体，在地壳中具有一定的产状。按成因分类，形成地壳的岩石可分成三大类：火成岩、沉积岩以及变质岩。

火成岩：由岩浆在地下喷出地表冷凝而形成的岩石，从地表到地下10km范围内火成岩占地壳表面的95%。常见的花岗岩、伟晶岩等都属于火成岩。火山玻璃、黑曜岩等就是在这个过程中产生的。

沉积岩：地壳上的所有岩石，在风化作用下又由流水搬运到江、河、湖、海中沉积下来，经受热力和压力作用所形成的岩石，如石灰岩、砂岩等。很多用作宝石的矿物都具有很好的耐腐蚀性，如钻石、红宝石、蓝宝石、水晶、托帕石等，都可以随着水流沉积到沙砾中，所以很多河岸边，特别是河流拐角处的沙砾中都可以淘到宝石原石。

变质岩：地壳和地壳下部的各种岩石（包括火成岩、沉积岩以及已经变质的变质岩），在温度和压力作用的影响下变质成另一类岩石，统称为变质岩。变质岩种类极多，如由石灰岩

>火成岩中的玄武岩。玄武岩冷却后有许多气孔，填充了二氧化硅的矿物

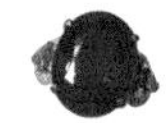

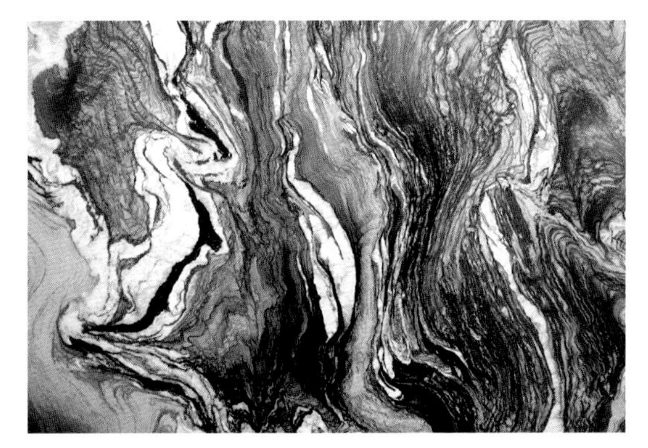

> 石灰岩经变质作用形成大理岩

> 美国纽约国家博物馆展出的各种宝石标本

变成大理石岩，碳酸盐岩变成矽卡岩，黏土岩变成板岩，在这个过程便形成很多彩宝的结晶体，如黄玉、电气石、石榴石等等。

组成三大类岩石的都是各种不同的矿物。

矿物是自然界存在的化学元素向三度空间有规律地排列形成具有一定几何形体的物质。如铁矿、铜矿。其中形成完整的、规矩的、几何体的叫晶体，如金刚石的八面体晶体、石榴石的圆粒状晶体等。

我们只要这样来记就容易了：

地球由岩石组成，岩石由矿物组成，矿物由元素组成。

组成矿物的主要元素有氧（O）、硅（Si）、铝（Al）、铁（Fe）、钙（Ca）、钠（Na）、钾（K）、镁（Mg）等。丰富的元素的不同组合就构成了这世界上千奇百怪的各类矿物和岩石，造就了一个鬼斧神工的美丽世界。

> 沉积作用形成的碳酸钙石钟乳顶部是方解石结晶

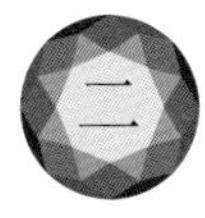

千姿百态的矿物形态

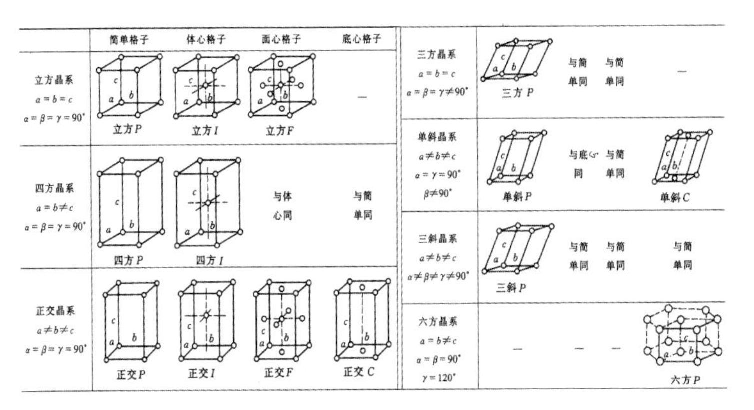

	简单格子	体心格子	面心格子	底心格子
立方晶系 $a=b=c$ $\alpha=\beta=\gamma=90^\circ$	立方 P	立方 I	立方 F	—
四方晶系 $a=b\neq c$ $\alpha=\beta=\gamma=90^\circ$	四方 P	四方 I	与体心同	与简单同
正交晶系 $a\neq b\neq c$ $\alpha=\beta=\gamma=90^\circ$	正交 P	正交 I	正交 F	正交 C
三方晶系 $a=b=c$ $\alpha=\beta=\gamma\neq 90^\circ$	三方 P	与简单同	与简单同	—
单斜晶系 $a\neq b\neq c$ $\alpha=\gamma=90^\circ$ $\beta\neq 90^\circ$	单斜 P	与底心同	与简单同	单斜 C
三斜晶系 $a\neq b\neq c$ $\alpha\neq\beta\neq\gamma\neq 90^\circ$	三斜 P	与简单同	与简单同	与简单同
六方晶系 $a=b\neq c$ $\alpha=\beta=90^\circ$ $\gamma=120^\circ$	—	—	—	六方 P

> 这张图中可看出不同晶系、三根晶轴相互间的关系

> 高达 1 米多的黄色单体水晶。水晶属三方晶系

自然界的矿物，绝大多数都是以微粒状集合体存在的。由于生成环境的缘故，它们极少能长成天然的有棱有面的几何外形。只有长成一定大小的、可以加工琢磨成宝石的晶体才能为人们所利用和欣赏。在一些极为特殊的条件下，晶体在生长发育时不受空间的限制而且物质来源又极为丰富，这些矿物就按照它们的结晶习性，生长出够大的、几乎完整的晶体。在生长过程中，又因条件变化以及各种杂质的加入，又可能使晶体发生变化。因此，自然界形成的矿物晶体，真是千奇百怪、千姿百态。

自然界中形成的矿物被人类所认识的已有 3000 多种，它们都可以划分在七个晶系之中，各个晶系都有它们特有的晶体单形，同晶系的单形还可以按照一定规律组成聚形，所以晶体有很多很多的形态。

> 极负盛名的巴西水晶在美国图桑国际珠宝展览会上随处可见

> 金刚石晶体。金刚石属等轴晶系

> 浅粉红色的有明显单斜晶体形态的锂辉石

按照物质成分的结合方式可以将目前自然界见到的和人工合成的晶体分为三大晶族、七大晶系：

1. 高级晶族

高级晶族中仅有等轴晶系一个晶系，本晶系的结晶体具有 X、Y、Z 三个方向等长生长的特点。外观多呈球状、立方体状等。因为通过晶体中心部位相交点坐标线 X、Y、Z 互相垂直并且相等，所以称为等轴晶系。等轴晶系中最具代表性的宝石晶体是金刚石、尖晶石、石榴石以及萤石。常见到的属于等轴晶系的晶体有：

（1）八面体：如萤石晶体。

（2）菱形十二面体：如石榴石晶体。

（3）六面体：如黄铁矿晶体。

（4）六八面体：如石榴石晶体。

高级晶族晶体有 47 种，但常见的只有几种。

> 黑色电气石晶体。属于三方晶系

> 云南产黄玉（托帕石）晶体。托帕石属于斜方晶系

> 美国纽约国际博物馆展出的纯度极高的自然铜

> 浅紫—粉红色萤石聚晶。萤石属于等轴晶系

2. 中级晶族

属于中级晶族的有三方、四方、六方晶系，它们的共同特点是晶中 X、Y 轴相等而 Z 轴伸长，其晶系有：

（1）三方晶系：如电气石，常见的晶体呈复三方柱，即表现为一种稍微外凸的三角形横截面，如红宝石、蓝宝石以及水晶、碧玺等，均属于三方晶系。

（2）六方晶系：如祖母绿、海蓝宝石等，它们的晶体都呈六方柱状。

（3）四方晶系：如天然锆石、方柱石，它们的晶体都呈四方柱状。

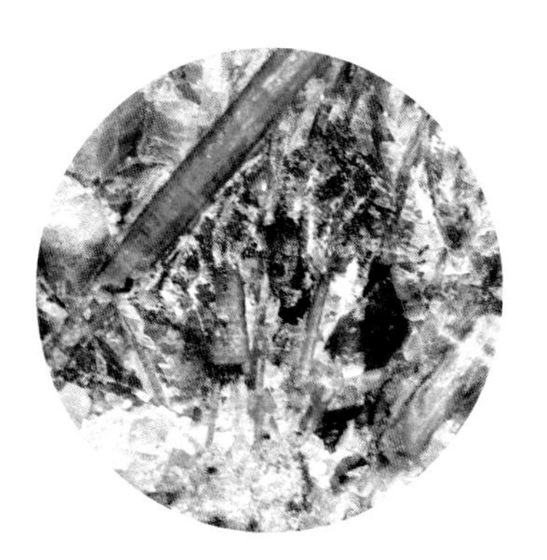

> 云南本土产祖母绿晶体。祖母绿属六方晶系

> 云南产锡石单体晶体

> 云南产锡石晶体

> 云南产锡石晶体。锡石晶体属于四方晶系，透明的锡石晶体非常罕见

> 云南产水晶晶族

3. 低级晶族

低级晶族最大的特点是有且至多只有一向或者两向延长生长，可能X、Y、Z三轴不垂直或不等长或既不垂直又不等长，仅仅是中心对称，形成极不规则的片状或簇状晶体，这个晶族包括了斜方晶系、三斜晶系和单斜晶系。属于这个晶族的宝石很多，如金绿宝石、橄榄石、月光石、紫锂辉石、透辉石、异极矿等。

> 巴西产紫水晶晶洞

> 巴西产紫水晶晶洞内部

> 鱼眼石晶体。鱼眼石属四方晶系

> 产于砂矿中的红宝石晶体的一部分。红宝石属三方晶系

> 海蓝宝石晶体。海蓝宝石属六方晶系

> 海蓝宝石晶体

> 碳酸锌聚晶。绿纹石

> 一块形似孔雀开屏的孔雀石

> 长相怪异、色彩艳丽的孔雀石是人类利用最早的彩色宝石

晶体除了表现为单一的晶体形态外，还会由两个或多个晶体生长在一起，形成：

连生晶：两个以上的晶体连在一起同向生长则形成平行连生，如按照一定规律生长则成双晶，在水晶中这种平行连生和双晶现象最普遍。

集合体：许多个晶体聚积同向或杂乱生长在一起形成簇状、放射状、网格状、钟乳状、块状等。聚晶中许多彩宝晶体均较小或者受到破坏，很少能找到有用的宝石原料。

有时候，在同一个地方、同一块石头上居然出现许多种矿物晶体生长在一起，形成极其壮丽的矿物美景，这种现象被称为矿物共生。矿物之多，组合类型之丰富，使得到目前为止，还没有任何国家任何人把世界上发现的矿物单晶、聚晶集合体形成的标本收集齐全。

自古以来，人们就非常注意收集那些形态规则完整、色彩鲜艳美丽的矿物晶体，加工成美丽的装饰品和收藏品，逐渐地就形成了珠宝。好的晶体非常少，加工又极困难，随着生产力的不断进步，人们在不断寻找和加工彩宝中，彩宝学的理论、实践也不断深化和发展。

> 由方解石晶体组成的聚晶族

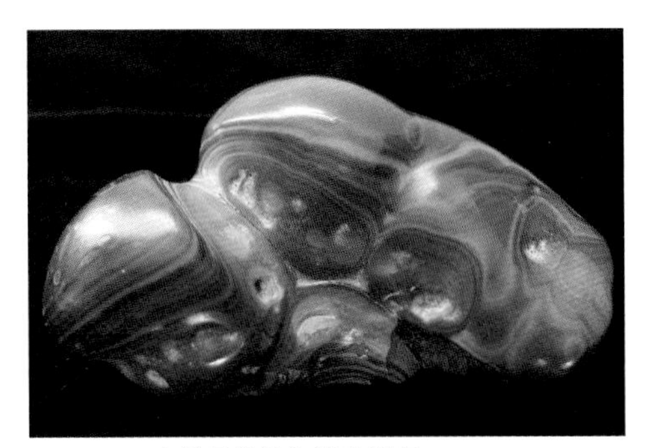

> 有着柔美绿色的孔雀石

> 云南保山所产的玛瑙及制品。色如珊瑚，半透明，自汉代就开始利用

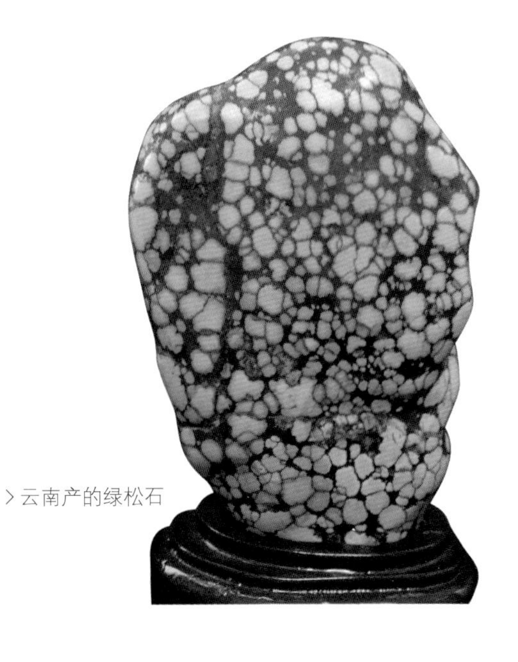

> 云南产的绿松石

> 云南产的绿松石早在汉代就已开采利用。当时称为碧甸石

> 次生富集的孔雀石

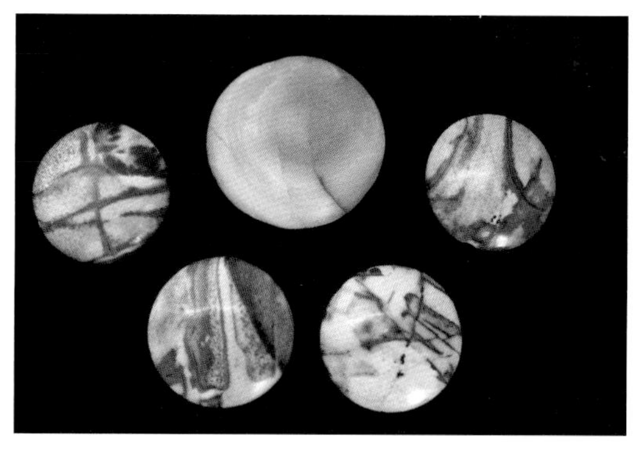

> 云南东川产的变质岩制作的扣子，上中一粒为汉代云南玛瑙制成的特殊形状的扣饰

> 由众多芙蓉石球排列芙蓉展览摊位，是巴西参展商的杰作

晶体的外部几何形状是其内部构造的具体反映，不同的彩宝，有不同的结晶形态，这是珠宝爱好者和研究者识别各种彩宝原始晶体的最重要途径，因为各种天然形成的宝石晶体形态是固有的，永远不变化的，最具识别和鉴定意义。

> 块状孔雀石有着神奇的同心圆状构造。这是它们次生环境成因的真实写照

三 五彩缤纷的彩宝世界

色彩是人的视觉（当然也包括许多动物的视觉）对自然世界最可分辨的敏感信息。各种彩色宝石之所以具有色彩，是由于这些宝石对可见光波选择性吸收而产生的。当彩宝晶体对可见光波均匀吸收或者全反射时，则呈现无色、白色或者黑色。而当彩宝晶体对可见光进行选择性吸收时，可见光谱中的一部分光被吸收，剩下的光透过宝石，通过人的眼睛进入大脑，由大脑理解综合成一种颜色。

彩宝颜色是由于彩宝成分中含有致色元素或晶格缺陷，这些致色元素和缺陷对光产生选择性吸收，因此宝石产生了颜色。彩宝可以分为两类，一类是自色宝石，即宝石本身的成分就能产生颜色，如铁铝榴石，成分中含有铁，吸收了黄、绿色光，呈现红色。另一类是他色宝石，即宝石本身是无色的，例如刚玉，纯净时完全无色，由于微量致色元素的加入才产生了颜色，如含铬，则呈红色为红宝石，含铁和钛则为蓝色，为蓝宝石。

常见的致色元素有：铬（Cr）、铁（Fe）、锰（Mn）、镍（Ni）、铜（Cu）、钴（Co）、钛（Ti）、钒（V）等，其次是钨（W）、钼（Mo）及一些稀土元素。

铬（Cr）：通常为 Cr^{3+}，可使不同彩宝晶体呈现不同颜色：

红色：0.1% 的 Cr^{3+} 即可把本来无色的刚玉（Al_2O_3）致红色而形成红宝石（没有铬离子镁铝榴石也是红的，只是有铬离子颜色会更好）；

鲜绿色：Cr^{3+} 能使绿柱石、天河石、铬云母、钙铬榴石成鲜绿色；含铬绿泥石、碳酸铬镁矿含铬元素。

铬元素是色素离子中最重要的元素，大名鼎鼎的祖母绿、翡翠的绿色和红宝石的红色都

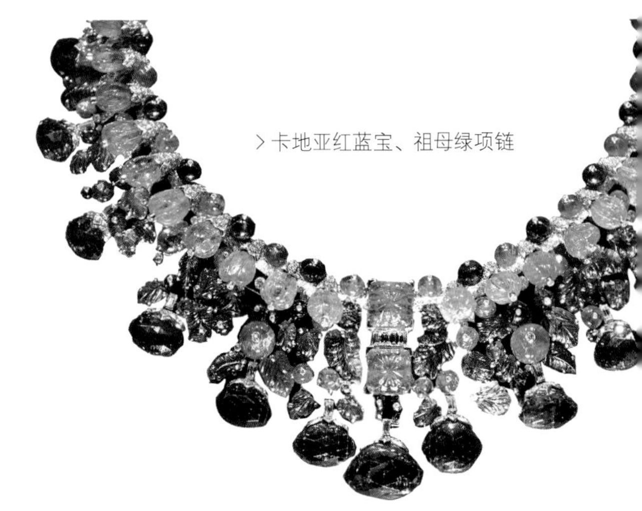
> 卡地亚红蓝宝、祖母绿项链

是铬元素的功劳。

铁（Fe）：不同价位的铁离子，可使彩宝产生不同颜色：

Fe^{2+}：绿色、褐色、黄色，如橄榄石；

Fe^{3+}：褐色、红色、褐绿色，如铁铝榴石；

Fe^{2+} 和 Fe^{3+}：蓝色，如海蓝宝石。

锰（Mn）：Mn^{3+} 使彩宝产生红色、紫色，如摩根石、紫水晶、紫色翡翠等。

镍（Ni）：Ni^{2+} 使彩宝产生绿色、黄色，如黄色蓝宝石。

铜（Cu）：Cu^{2+} 使彩宝产生绿色、蓝色，如孔雀石、绿松石。

钴（Co）：Co^{2+} 使彩宝产生红色、蓝色、玫瑰色等，如人造蓝色尖晶石。

钛（Ti）：Ti^{4+} 使彩宝产生蓝色、红色，与铁共同作用形成蓝宝石。

钒（V）：V^{3+} 使彩宝产生橄榄绿、带绿的黄色，如云南产祖母绿。

色素离子的加入，加入的多少，以及几种色素加入到彩宝晶体而浓度又有不同比例变化且分布不均匀时，便形成丰富多彩的、色调变化万千的色彩。

除颜色外，硬度、比重、透明度也是认识、鉴别彩宝的重要特征。

四 彩宝的硬度和韧度

硬度是评价彩宝装饰价值和经济价值的重要特征，即使颜色很美的矿物结晶体，如萤石和异极矿，因硬度不够，均达不到高级彩宝的标准。

硬度指彩宝抵抗外力刻、划的强度。

硬度常指摩氏硬度，是矿物学家 Frederich Mohs 创立的，其以矿物相对刻划能力将 10 种

> 世界上最硬的矿物宝石（钻石）

常见矿物作为10个硬度等级，摩氏硬度高的矿物能刻划动摩氏硬度低的矿物，相反则不能。

摩氏硬度的10个级别代表矿物分别是：

1 滑石　2 石膏　3 方解石　4 萤石

5 磷灰石　6 长石　7 水晶　8 黄玉

9 刚玉　10 金刚石

这里有个小窍门介绍给大家，人的指甲相当于3度，小刀（水果刀）的硬度相当于5度，水晶是标准的7度，在看到不清楚的宝石矿物时，可以用上述硬度去刻、划，凡是水晶刻不动的宝石，肯定是高档宝石，当然要注意的是在无损伤宝石的前提下进行。

常见的彩宝，按硬度可分成四个级别：

绝大部分彩宝硬度都大于7度，如钻石、红宝石、蓝宝石、黄玉、碧玺；

属于6～7级的除水晶外，多是翡翠、软玉等玉类和彩石类；

属于4～5级间的，基本不算宝石，如青金石、绿松石、孔雀石、萤石等，属于彩石类。

低于4级的有琥珀、珍珠等等。

以上所指的硬度只适用于测定原料，硬度测试对成品有损伤，故对成品应谨慎使用。

韧度则是指彩宝抵抗外力拉伸、压入等使彩宝发生形变破坏的能力，和脆性是一对相反的概念。

> 水晶的硬度为7，是划分高级彩宝的标准

硬度和韧度不同，很多人认为彩宝越硬，就越不容易破碎，这是不对的，硬度大的彩宝不一定韧度就大。就像石灰石和牛皮带相比较，石灰石硬度比皮带大，而皮带的韧度比石灰石大，石灰石和皮带同时掉落在地上，石灰石会破碎而皮带则不会。例如锆石硬度在7.5以上，但韧度很差，稍微磕碰就会破损；但有些晶体呈纤维状构造的或胶体状结构的，如翡翠、和田玉、玛瑙等韧度就好些。

常见彩宝中，按韧度从大到小排列是：黑金刚石、翡翠、红宝石、蓝宝石、金刚石、水晶、海蓝宝石、橄榄石、祖母绿、黄玉、月光石、金绿宝石等。

五 彩宝的比重

彩宝在空气中的重量与同体积纯水（4℃时）的重量比，称为彩宝的比重。同一种彩宝的比重只会在很小的一个范围内变化，不同物质结晶的彩宝比重不一样。比重是彩宝鉴定的特征之一。

目前，常见彩宝的比重都已经测出，并且有据可查。如：金刚石 3.52、坦桑石 3.35、黄玉（托帕石）3.52、水晶 2.58 ~ 2.65、尖晶石 3.60~3.68 等。

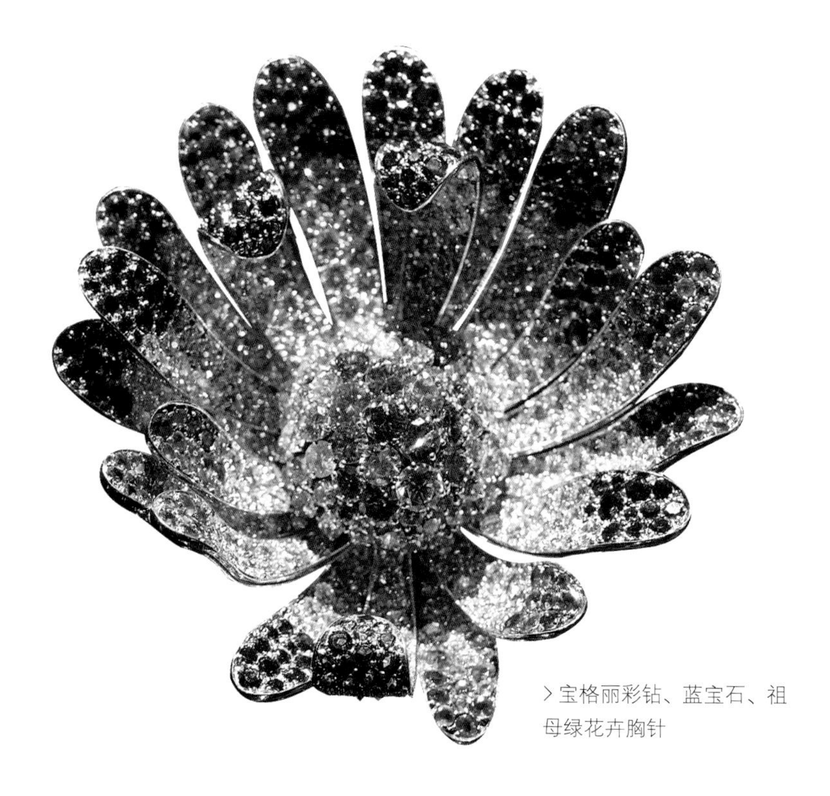

> 宝格丽彩钻、蓝宝石、祖母绿花卉胸针

> 宝格丽红蓝宝钻石胸针

彩宝的透明度

当光线投射到彩宝结晶体的表面时，一部分光线被晶体反射，一部分光线则直射或者折射进入晶体内部，一部分经过晶体吸收后，还有一部分能透过晶体，使矿物晶体呈现出不同程度的明亮的现象，称为矿物晶体的透明度，即透明度指晶体允许可见光透过的程度，在彩宝行业中称之为通透程度。彩宝透光能力的大小与晶体化学成分、矿物的颜色、结晶的习性、含杂质多少以及厚度有关，同时也与光波的长短和光的强弱有关。我们一般以 1cm 厚的晶体为标准来测定晶体的透明度，根据吸收和透光程度，将彩宝的透明度分为：

1. 全透明

晶体对可见光吸收少，允许绝大部分光通过，隔着 1cm 的晶体薄片能清楚地看清另一面的物体（如字迹、图形）的轮廓。例如：我们见到的透明度比较好的水晶晶体，就属于全透明的。

2. 半透明

当宝石受到光照时，只允许部分光通过，透过 1cm 薄片只能看见另一面物体的暗影，看不清轮廓，常见的岫玉、乳石英都属半透明。

3. 微透明

这类宝石只能透过极少光，只有透光感觉，其另一面的物像看不见，如一般的芙蓉石。

4. 不透明

一点透明感都没有，如黑刚玉、黑电气石等。

七 彩宝的光泽与折光率

绝大多数彩宝在琢磨后均光彩照人，有着吸引人眼球的光泽。彩宝的光泽是彩宝表面对可见光的反射能力的强弱而引起的，彩宝的折光率是影响光泽的重要因素。此外，光泽的强弱还与彩宝的抛光程度、组成矿物的结构、紧密程度等因素有关。一般硬度大、质地细密的彩宝抛光效果就越好，琢磨后光泽就越强。

> 弱玻璃光泽（萤石晶体）

什么是折光率呢？折光率也称折射率，指光在彩宝中的速度同在真空中传播速度的比值。这是彩宝最重要的光学常数，我们要知道，折光率数值越高，彩宝的亮度就越好。一般彩宝的折光率在 1.5 ~ 2.0 之间，钻石的折光率则高达 2.42，是天然无色透明矿物中最高的。

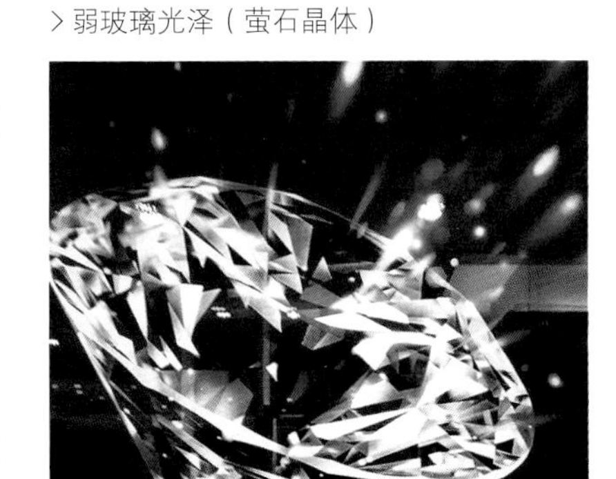

> 金刚光泽（钻石）

根据彩宝反射力的大小，我们将光泽分为：金刚光泽（金刚石、莫桑石）、亚金刚光泽（完好的锆石、合成立方氧化锆）、强玻璃光泽（红宝石、蓝宝石、石榴石）、玻璃光泽（碧玺、水晶、祖母绿）、弱玻璃光泽（萤石）。

此外还有一些特殊光泽：丝绢光泽（木变石）、珍珠光泽（珍珠）、油脂光泽（乳白晶、和田玉）、蜡状光泽（鸡血石、寿山石）、树脂光泽（琥珀）等。

绝大多数彩宝均属于玻璃光泽。

> 玻璃光泽（水晶）

彩宝的其他特殊光学效应

某些红宝石、蓝宝石当垂直其晶体作蛋面（也叫素面或者馒头面）切割琢磨后，在其表面出现三条成 60° 角相交的亮带，组成 6 条放射状亮线，称星光效应或星彩效应。

星光效应的出现，是因为某些红宝石、蓝宝石在生长过程中包含了三束纤维状金红石包体，它们呈平行状伸向红、蓝宝石桶状晶体六角的各个面上，生长极细密，光照射在这些包体上会反射。当垂直柱面切割成蛋面后，反射的光汇聚在宝石表面即出现 3 条呈 120° 交角的亮线。星光的亮度和三条线的平直都与针状、纤维状包裹体密集度和均匀度有关。

同样道理，宝石中有两组垂直的包裹体时，会出现十字星光，有一组包裹体时会出现猫眼效应（如金绿宝石的猫儿眼）。

有些宝石中含游离的水分子及特殊的结构，当光线投入时，水分子将入射光反射折射产生晕彩现象（如欧泊）。

总之，大千世界，各种自然宝石晶体都会出现许多神奇的光学效应，也许这正是千百年来人们对这些美的石头执着追求的原因之一吧。

> 具有猫眼效应的石英类猫眼石

> 金绿宝石猫眼是真正的猫眼宝石

九 彩宝的特征

>各种彩宝制成的首饰

1. 一切彩色宝石的矿物都是在自然界生成的，纯天然的

（1）可以称为彩宝的矿物原料，大多数都是在地球形成过程中及在46亿年的地球发展变化过程中，由岩浆活动、火山活动、沉积或变质作用而形成的。近年来合成宝石不断涌现，这也是为了满足人们的需求而在特殊条件下产生的，可无限复制生产，价值远不如天然品，但也并非一文不值，出售时应该加上“合成某某宝石”的名称。

此外还有很多有机体产生，如珍珠、珊瑚以及本身就是有机体的宝石，如琥珀等，它们都是动、植物在生长发育过程中产生的。

（2）天然彩宝的原料都是有与生俱来的基本的、固有的、属于这类宝石的晶体形态、结构、构造特征和一定的物质组分，这才是天然彩宝的“真”的稀有的特点。为了达到某种用途或得到更好的仿制品效果，一些自然界本不存在的宝石材料，被人工制造出来，称为人造宝石，例如莫桑石，折射率达到2.648～2.691，拥有超越钻石的光泽，硬度达到9.5，是现在仅次于钻石硬度的第二高的硬度。

凡是人造宝石，如立方氧化锆、莫桑石，都不能称为天然宝石。在商业标注上，均应加上“人造”两个字。

天然形成的矿物，令人动心的完美品毕竟在少数，大多数品质不太好的经人工处理加工染色、改色，名称应加上“染色某某宝石”、“改色某某宝石”，如：改色黄玉等。

这样一来，宝石究竟该如何下定义？

目前对宝石的定义有广义和狭义两种：

狭义的宝石定义：具有特殊加工工艺性能的自然矿物结晶体。

在这个定义中，指出了两点：第一是单指自然形成的矿物结晶体，第二是具有特殊加工工艺性能，包括晶体大小、硬度、颜色、有无裂纹、是否含放射性等。

广义的宝石定义：凡是矿物颜色鲜艳美观、折光率高、光泽强、透明度好、硬度高（一般5度以上）、化学性能稳定的都可作为宝石。

广义的宝石定义更符合今天人们的欣赏能力和社会商业交易。难怪中国人把翡翠也列入五大名宝之内——钻石、红宝石、蓝宝石、祖母绿、翡翠，国外第五名则为猫儿眼宝石。

2. 一切宝石都是人类社会发展的文明象征，反映人类认识自然、改造自然的过程

（1）从劳动工具和装饰品的认识、使用、挑选的演变过程，反映了人类社会的发展、产品的占有、生产工具的日益进步。

（2）伴随生产的发展，产品增多，人们对物质文明的要求更强烈，人们对彩宝的发现、加工需求更加旺盛，宝玉石的开采和装饰的生产从无到有，形成了专业性较强的一门行业。

（3）从简单使用、粗加工到精加工的过程，反映了人们对各种宝玉石制品需求的增长、技艺的发展，同时也开始出现地区、种族、社会发展、社会制度的变化。

3. 宝石的生产首先开始于简单的个人行为，逐渐过渡到有意识的加工、有组织的社会生产并形成专门的开采、加工行业，反映了人类对宝玉石认识的逐渐深化及科学技术进步的深化过程

4. 宝石自开始由交换而产生价值，又由价格的变化反映了宝石及其制品进入社会后人们的需要，而需求又正是社会经济文化发展的晴雨表，宝石质地、储量、加工难易程度、稀缺程度的变化又左右着其价值的变化

因此，彩宝产业的发展，不仅仅是人类审美观念的变化发展，也是人类文明历史的重要记录者。

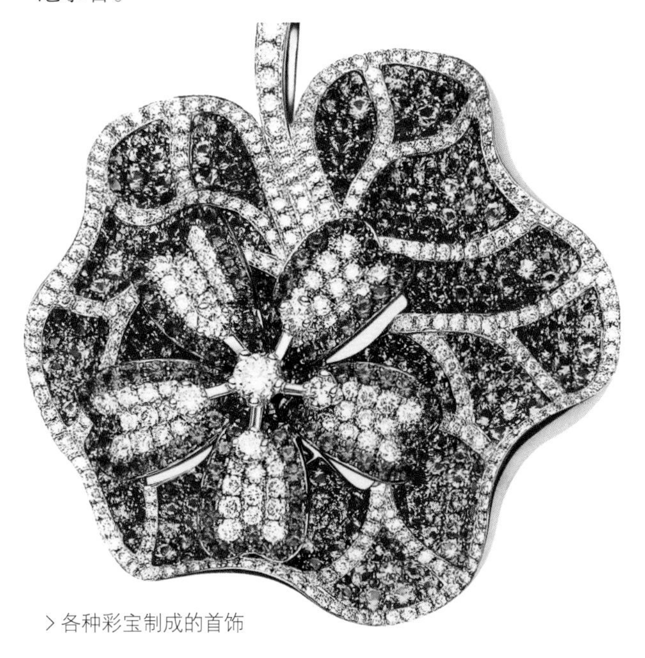

> 各种彩宝制成的首饰

彩宝的分类

宝玉石的分类目前主要有三种：学术分类、宝玉石加工分类和商业界分类，都各有其优、缺点。

1. 学术界或地质界分类法

这种分类法首先考虑的是各种宝石的元素含量和物质组分，同时也考虑宝石的结晶特点、工艺价值、产出环境、用途。这种分类法，将常见的宝石分为：

（1）自然元素类宝石：主要是金刚石。

（2）氧化物类宝石：红宝石、蓝宝石、蛋白石类宝石、水晶类宝石。

（3）复杂氧化物类宝石：金绿宝石、尖晶石类宝石等。

（4）硅酸盐类宝石：祖母绿、绿柱石类宝石、石榴石类宝石、长石类宝石、透辉石类宝石、坦桑石类宝石、电气石类宝石、天然锆石类宝石、蓝晶石类等 60 多类宝石。

（5）其他盐类宝石：绿松石（磷酸盐）、孔雀石（碳酸盐）等。

2. 珠宝行业传统分类法

这是几百年珠宝行业在具体实践中总结的一种易懂易行的分类方法：

（1）玉类：翡翠、和田玉、独山玉、岫玉、黄龙玉、其他玉种。

（2）石类：指各类工艺石材，如：田黄、寿山石、青田石、巴林石、绿松石、青金石、孔雀石等。

> 未经琢磨的小水晶晶族，也有人制成戒指

> 利用云南产的彩宝磨成的素面宝石

（3）晶类：指各种水晶。

（4）宝类：常见的钻石、祖母绿、红宝石、蓝宝石、金绿宝石等（常用珠、宝、翠、钻代替）。

（5）半宝石类：石榴石、碧玺、橄榄石、黄玉、海蓝宝石等硬度在 7 ~ 8 之间的宝石。

3. 目前市场常见分类

宝石、玉石、彩石、砚石（包括印章石）。

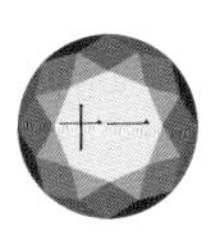

十一 彩宝的琢磨

宝石琢磨是一门专业学科，因人们审美的变化和多品味的需求，各种新的琢型和组合层出不穷，天然宝石将发出更璀璨的光芒。

在目前地球上已发现的2500多种矿物中，究竟有多少矿物晶体能够用来琢磨宝石呢?

俗语说，玉不琢、不成器。彩宝的结晶体如不琢磨，很难成为完美、理想的宝石，它那美丽的色彩和耀眼的光芒很难展示出来。大多数彩宝的结晶体硬度都比较高，一般手法磨制和单一的人工磨制都很难制造出像样的宝石，而且抛光是个极大的难题。彩宝种类很多，人们需要的制作首饰的彩宝，其加工种类总的可分为素面型（也称弧面）和棱面型（也称多宝方型）两大类。

宝石的琢磨，最初完全依靠手工，逐渐由半手工、半机械化取代，到目前已经有最先进的琢磨机械设备，但目前在许多国家，半手工、半机械化的生产方式仍占很大比例。彩宝的磨制工序如下：

> 彩宝琢磨中首先是选择适合的原料（锡石晶体）

（1）选料：将适合制作宝石的各种原料按可琢磨的最大限度以及成品的预期效果选取。

（2)切胚：将能琢磨的宝石从原石中切下。

（3）初型：将切下的宝石胚料视可琢磨的情况将其切割成型。

（4）上杆：将切成初型的胚料用虫胶类粘胶剂粘在杆头上，并整形以使其能准确地垂直杆头才能磨出对称性好的宝石。

（5）翻面琢磨：将一面已磨好的宝石取下，翻转再上杆继续琢磨背面。

（6）清洗：将两面都琢磨好的宝石从杆上取下，清洗、烤干或自然晒干后，一粒闪闪发光的宝石（裸

石）就琢磨成功了。

而要适合人们佩戴，则还要设计出一定的款式，用贵金属（金、铂等）制作成托架，方成为一件艺术品。

> 将原料中可用于琢磨的部分切下来

> 将原料在机器上打磨出胚料

> 已经基本成型的胚料

1. 素面宝石的加工

某些颜色好、透度差或因宝石本身有特殊光学效应（如猫眼和星光效应），或固有的欣赏方式（如翡翠戒面绝大多数是素面）而将宝石磨成素面宝石。素面宝石绝大部分为蛋面形，也有圆形和橄尖形、马眼形、水滴形等。

古老的圆形或蛋面形戒面，只是将宝石按其大小和工匠的技术，磨成近似圆形或蛋面，随着科学技术的不断发展和人们审美观的变化及镶嵌的需要，一定形状和比例的素面宝石才出现，但限于原料的块度和形状，随形素面宝石依然存在，特别是很多欧泊宝石。

2. 棱面宝石的琢磨

相比素面宝石的琢磨，棱面宝石的琢磨更加复杂、困难，需要根据不同宝石品种的折射率、结晶习性、原石形状和大小确定各刻面的角度和冠高、亭深等。几百年来，经过不断的探索，宝石工匠们总结出了一套制作多棱面宝石的经验和程序。同时，光电设备和加工机械的推广和使用，如今许多宝石加工厂已经能将任何一粒小到 1mm 的原料琢磨成一粒完美的宝石。但在盛产宝石的缅甸、泰国、越南，仍以手工

> 将胚料上杆头，以便在磨盘上琢磨

> 在磨盘上琢磨，磨好底面后下杆，将底面粘上磨台面

> 经过数道工序，一粒粒宝石就磨成了，然后还要检查琢磨质量，划分级别

> 素面宝石琢磨同样经过选料、制胚、底面、台面、琢磨等工序完成

和半机械化为主，一来是自动化加工设备昂贵，本地人工费用较低，采取人工加工产出率要高；二来是原料产出地总能第一时间接触到好的、大的原料，一位经验丰富的宝石工匠更能在加工中控制和掌握各种不可预期的变化，加工大颗粒宝石比自动化机械更加可靠。

宝石琢磨是一门专业学科，因人们审美的变化和多品味的需求，各种新的琢型和组合层出不穷，天然宝石将发出更璀璨的光芒。

在目前地球上已发现的2500多种矿物中，究竟有多少矿物晶体能够用来琢磨宝石呢?

国际公认的宝石应该具有的特性是美丽、耐久、稀少和可接受性，符合这样几个条件的矿物品种就少了不少，到现在没有一个确切的数字，主要由于统计的时限和所引用的标准不一致，有的说是230多种，有的说是250种，有的干脆说200多种。尽

管如此，实际常见的和使用的也就几十种，而其中钻石、红宝石、蓝宝石、祖母绿、猫儿眼是国际公认的五大名宝，加上华人喜爱的翡翠，加起来的销售额就几乎占全部天然宝石每年贸易额的 80% 以上。据说犹太人掌握着世界珍贵珠宝的 70%。

许多国家和大企业还将钻石、红宝石、蓝宝石、祖母绿等名贵宝石与黄金一起作为保值增值的货币基金储存。各种彩宝所具有的美丽、耐久、稀少和可接受性（便于携带）使它们既具有可欣赏性和美化生活的作用，又具有硬通货的作用，使天然彩宝在国际银行界、商贸界、珠宝界均成为永恒的至爱。

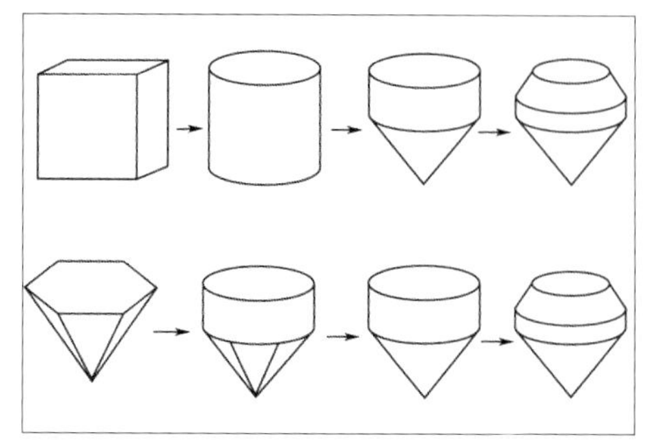

> 不同形状的宝石原石石胚料的加工过程

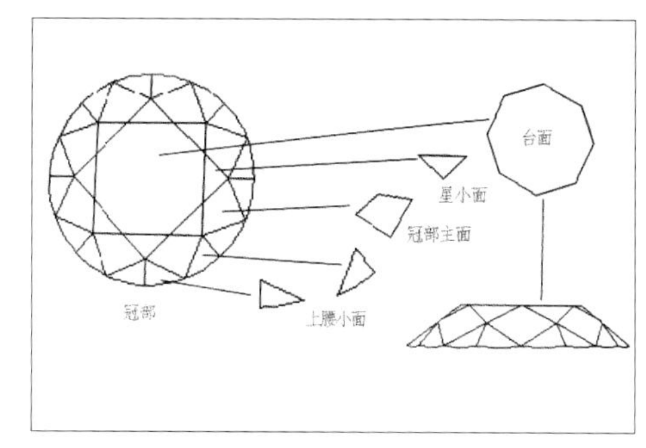

> 一粒加工成圆形宝石的各个面形状及名称

> 经过琢磨的彩宝，工匠再用 18K 金或者其他贵重金属镶嵌，就成了一件艺术品

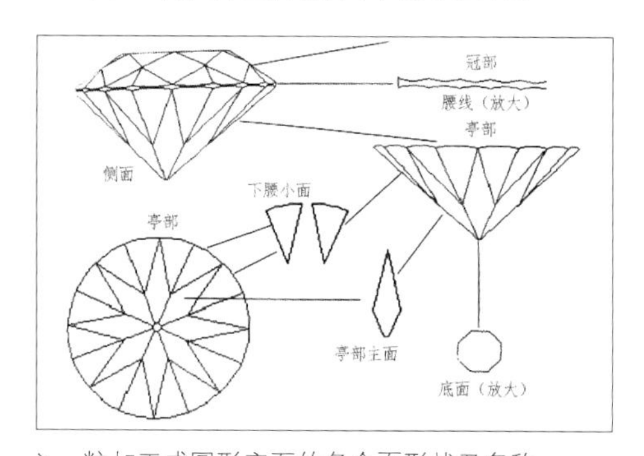

> 一粒加工成圆形宝石的各个面形状及名称

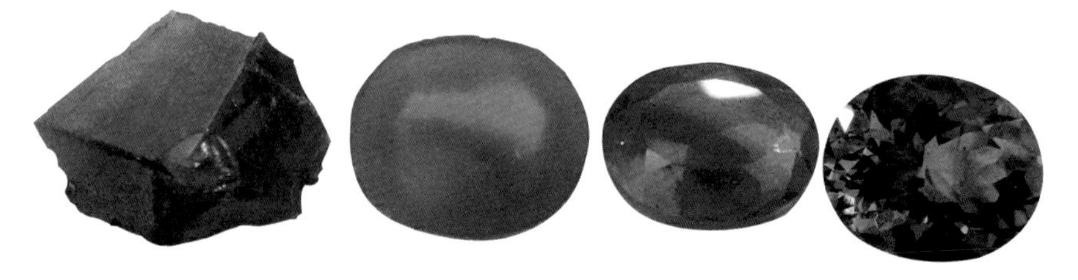

> 一块绿色玻璃料，从左到右反映出 1 选料、2 制胚、3 底面、4 磨台面，一粒仿真宝石就这样磨成了

第二章 Chapter 2
名宝趣谈

> Something about Colored Gemstone

没有人不喜欢彩色的宝石，它那千奇百怪、自然生长的晶体形态，它那五彩缤纷的艳丽色彩，它那令人眼花缭乱的璀璨光芒让各种彩宝自人类有史以来就与人类文明相伴至今。许多绝世珍宝更是让喜爱珠宝的人们有“一面慰平生”的感觉。因而，自古以来，伴随着许多彩宝的发现、琢磨和销售，演绎出许许多多的杀烧抢掠和悲欢离合、缱绻缠绵的故事，笔者仅将其中一小部分写出来，以飨读者。

在世界已经知道的几十种宝石，经过几千年的收藏、消费实践，钻石、红宝石、蓝宝石、祖母绿、猫儿眼五位真正的勇士久经沙场，价值几乎占据了整个宝石行业的半壁江山，其每年的销售额占全部宝石销售额度的百分之七十以上。

第二次世界大战后，世界各国经济发展异常迅猛，物质文明的丰富极大地刺激了奢侈品的需求，而天然的、不可再生的宝玉石资源需求首当其冲。珠宝市场是全世界或者一个国家、一个地区经济发展的晴雨表，保值投资和情感投资在不同时期均有变化，但是，无论何时，珠宝的市场永远是客观存在的，正确了解市场、树立个人正确的消费观念是笔者能给予读者的唯一忠告。在中国，从 1980 年开始，珠宝市场逐渐红火，不可多得的资源和旺盛的需求极大地推动着珠宝市场，尤其是珍贵珠宝的价格不断攀升，而珠宝质量的评估工作却跟不上，许多拥有财富的人们对珠宝知识了解甚少，尤其对珠宝质量和真伪的鉴别、鉴赏知识了解不多，以致常常出现高价买低档货和买假货的事。因此，学习和了解相关珠宝知识是购买珠宝首先要上的一课。

下面就将世界五大名宝介绍给读者。

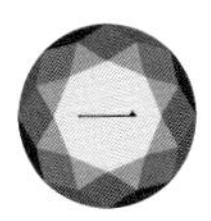 宝石之王——钻石

许多人都听过钻石这个名字，但了解钻石的人却不多。按常理和地质界的约定称呼法，一般将宝石的原料按矿物名来称呼，加工后的宝石则按国际称呼来命名，这样，没有加工的金刚石直接称金刚石，加工琢磨的则称为钻石，但真正见过金刚石的人很少，所以市场一律叫作钻石。

小贴士 钻石

成分	C；可含有 N、B、H 等微量元素； I 型含 N；II 型含极少量的 N，IIa 型不含 B，IIb 型含 B
形态	等轴晶系，常见八面体、菱形十二面体、立方体晶形，晶面常发育阶梯状生长纹、生长锥或蚀象
解理	中等解理
颜色	无色至浅黄（褐、灰）系列：无色、浅黄、浅褐、浅灰； 彩色系列：黄、褐灰及浅到深的蓝、绿、橙、粉红、红、紫红，偶见黑色
摩氏硬度	10
比重	3.52
折射率	2.417
光泽	金刚光泽
发光性及吸收光谱	将钻石置于日光下暴晒后，会发出淡青蓝色的磷光； 紫外荧光：无至强，蓝色、黄色、橙黄色、粉色等，短波常较长波弱； X 射线下大多数发天蓝色或淡蓝色的荧光，极少数不发荧光；阴极射线下发监色光或绿色光； 吸收光谱：绝大多数 I 型具有 415nm、453nm 和 478nm 吸收线
包裹体	浅色至深色矿物包裹体，云状物，点状包体，羽状纹，生长纹，解理纹
市场价	详见文

> 从金刚石矿山开采出的未经分选的金刚石原石晶体待琢磨

> 金刚石圈形机器

> 琢磨后即可成为名贵的钻石

> 一粒正在切割的金刚石

公元前100多年，由于独特的硬度，希腊天文学家麦尼利马氏将这种宝石命名为adamas，是希腊语征服、战无不胜的意思。

佛经中多言金刚这种宝石是出产在金子中，《梵網经古迹记》中有这么一句话："金中精华，名曰金刚"，《大藏法经》卷四十一也有这样记载"梵语拔折罗，华言金刚，此宝出于金中"，这是中国人将这种宝石称作金刚石的由来。

有记载的钻石最早可见于公元前4世纪的印度文献中。印度人最早知道从钻石的某些方向，即现在所知的解理方向可以劈开钻石，然而坚硬的钻石使用其他工具几乎无法加工，钻石的璀璨光泽一直没有展现出来，钻石很长时间以来都是原石镶嵌。那时波斯商人已在使用珍珠、红宝石、祖母绿等宝石，所以这种叫金刚的石头被列到其他宝石之下，究其原因是尚未有让金刚石无比耀眼的光泽显露出来的方法。直到15世纪中叶，比利时人路德维希凡伯克姆才发现可以利用金刚砂将金刚石表面一层皮磨去，顿时钻石那闪烁的光芒才展现出来，珠宝商们才开始重视这种不同凡响的石头。钻石好像具有某种魔力，吸引着全球的珠宝商人寻找打开此魔盒的钥匙。

作为早期唯一的钻石产地，古印度与西方世界建立了古老的"钻石之路"。陆路从印度开始，经过现在的伊拉克和伊朗还有土耳其到达古罗马；水路则是横跨印度洋，经过伊斯兰圣城麦加，再从埃及位于地中海南岸的亚历山大港穿过地中海抵达古罗马。公元1~3世纪的古

> 金刚石晶体，等轴晶系：三角八面体晶型

> 印度 15~18 世纪莫卧儿王朝时代的钻石作品，图中首饰的钻石多为自然形状，稍加磨面即使用，古朴而典雅

罗马帝国钻石都是通过“钻石之路”从印度运来的。那个时候印度的国王们占有了最好的钻石,沿途的各个国家统治者又从中分得一部分，最后只有少数抵达了终点。钻石在帝国之中弥足珍贵。

公元 3 世纪后，波斯帝国崛起于印度和地中海之间。波斯帝国取代了罗马帝国成为印度钻石的主要拥有者，同时，基督教的兴起使得基督教徒对与异教迷信相联系在一起的钻石的兴趣减少，因此随后大约一千年的时间里，钻石在地中海地区销声匿迹。

中世纪时期，在欧洲有各种各样的关于钻石的神秘传说，有人认为钻石可以治病；有人认为钻石有毒，吞下去会导致人死亡；也有人认为钻石可以给拥有者带来无与伦比的勇气，

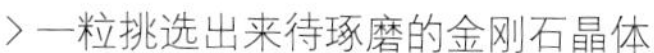

> 一粒挑选出来待琢磨的金刚石晶体

> 切成两半的金刚石

作战时佩戴它可以勇往直前、无所不利；也有人认为钻石能让男人更加珍爱自己的妻子等。各种各样的传说，以及其极少的产量——直到 17 世纪末印度还是世界唯一的钻石出产国，年产量虽有 5 万 ~ 10 万克拉，而宝石级钻石只占很小的一部分，有资料记载，在 1725 ~ 1730 年之间，每年从印度运到欧洲的钻石只有 2000 ~ 5000 克拉，钻石成为欧洲最为珍贵的宝石，只有皇室贵族才能拥有。

幸运的是远航南美的欧洲殖民者于 1730 年在巴西发现了钻石，巴西取代了印度成为世界第一大钻石生产国。在 1730 ~ 1870 年的一个半世纪的时间里，充足的钻石源源不断地运到欧洲，钻石工业长足发展，人们对钻石的了解和应用达到了一个空前的高度，钻石的加工得到了很大的进步。从这个时候开始，钻石再也不是皇室贵族独有的奢侈品，大量的钻石首饰投放市场，只要有钱，无论身份地位如何都可以拥有它。

巴西钻石的产量在 1850 ~ 1859 年间达到了顶峰，平均年产量达到了 30 万克拉，但到 1861 年，产量急剧下降到 17 万克拉，而后越来越少，到 1880 年，年产量只有 5000 克拉，欧洲钻石业受到了毁灭性的打击。

1866 年夏天，一个 15 岁的男孩在位于南非奥兰治河岸的德克尔农场发现了一颗重达 21.25 克拉的钻石原石，此后这颗原石被切磨成 10.73 克拉的椭圆形钻石，并有了自己的名字“奥莱利”，随后这颗钻石以“尤利卡”（Eureka）的名字亮相 1889 年巴黎万国博览会。南非发现钻石的消息迅速在全世界传开，追求利益的商人们从全球汇聚到南非，很快在金伯利地区发现了规模巨大的钻石矿产，1872 ~ 1903 年间，从金伯利周围的各矿床开采的钻石年产量达到了 2000 万 ~ 3000 万克拉，现代钻石产业从此繁荣起来。世界上最大的钻石公司——戴比尔斯（DeBeers）成立并控制着世界上超过 80% 的钻石出产和贸易。

中国据说在公元前 300 年就有关于金刚石的记载，老子《道德经》中就有提到。明代，在湖南沅水流域发现了金刚石，在我国山东、辽宁等地也有零星发现金刚石的资料。据说，我国探明金刚石的储量占世界第六位，目前产量居世界第十位，但多为工业用钻。我国有记录的第一颗大金刚石产于山东，名叫“金鸡”，重 217.5 克拉，在二战期间被日军掠走。第二颗现存最大的金刚石也产于山东，是山东临沭县当时的发山公社常林村的一位女社员在锄地时捡到的，重 157.77 克拉，呈八面体，质地透明，很洁净，呈微微淡黄色。

> 技师们正在聚精会神地琢磨钻石

> 每琢磨一个面，都要细心检查

> 印度是世界上最早发现钻石的国家，也是现今世界四大钻石加工基地之一，笔者参观了印度一家大型钻石加工工厂，也试着琢磨了一粒小钻石

神奇的钻石由于具有非凡的硬度，极难加工成人们期望的形状，在距今约 200 年前，人们才通过实验，测出钻石居然是由我们天天能见到的、地球上极普通的碳元素组成的。组成钻石的 1 个碳原子周围有 4 个碳原子呈等价链相连，这种相连方式是最牢固、最不容易被破坏的连接方式。而我们常见的石墨，组成它的碳原子则是两个链长、两个链短，呈层状分布，所以硬度很低。

钻石形成的地质条件极为特殊，大部分钻石均来自两种稀有的火成岩：金伯利岩（也称角砾云母橄榄岩）和钾镁煌斑岩，钻石形成于地壳下约 150km 深处，当所处位置有岩浆从地下爆发形成火山时，钻石及其碎片就由火山口来到地面，当岩浆冷凝后，钻石就在火山口由火山岩形成的陡峭的圆形管状火山岩筒中，这种岩筒在南非的金伯利地区首次发现，故称为金伯利岩筒。当这样的岩筒被外动力地质作用破坏后，钻石便被水、冰川等冲积到河流中，随泥沙带到离原生地极远的地方。如被人发现，这些钻石则重见天日，焕发异彩。

> 阿姆斯特丹一家大型钻石卖场陈列柜

> 阿姆斯特丹一家大型钻石卖场陈列的钻石饰品

1. 钻石的评价标准

多年来，人们试图找出一种标准来评价钻石，经多年实践，中国国家珠宝玉石质量监督检验中心（NGTC）、美国珠宝学院（GIA）、国际珠宝学院（IGI）、比利时钻石高层会议（HRD）、欧洲宝石联合会（EGL）等国家和组织制定了多种钻石评价标准，虽然使用标准不一，但最终还是离不开钻石的最基本特性和加工技术，总结起来，包括重量（Carat）、颜色（Color）、净度（Clarity）、切工（Cut）四个方面，由于它们的英文名称开头都带有一个C字，故称4C标准。我们只要掌握了4C标准，看任何彩宝都可以引用这个原则。

（1）重量（Carat）

由于钻石成品多数都很小，不能用一般的衡器来称重，古时居住在地中海沿岸的居民使用一种重量稳定的叫作克拉的树的干种子来做砝码，5粒干克拉豆的重量相当于1克。国际标准中把克拉作为重量标准，1克拉=0.2克，即5克拉=1克，克拉的单位是ct。即使这样，许多小钻仍然无法称量，于是又将1克拉分为100分，每分即为0.01克拉，一般认为大于1克拉的是大钻，0.99～0.25克拉的为中钻，小于等于0.25克拉的属小钻，而大于10克拉的一般都有自己的名字了。

> 钻石的4C标准之一：重量

如果切工标准，我们从钻石的腰直径就可以估算出钻石的大概重量。

1ct——6.5mm

0.5ct——5.2mm

0.1ct——2.58mm

大于1ct的钻石市面出售的很少。

（2）净度（Clarity）

净度是指钻石内部含有包裹体或细小裂纹的程度，检测的标准是在自然光或专用灯光下，采用标准的10倍放大镜，由经过培训的检测人员用肉眼观察，根据含瑕疵的多少进行分级。

一颗钻石，可能由于原料本身固有的瑕疵，也可能是琢磨过程中的各种失误引起表面出现刮伤、额外刻面、缺口等瑕疵而不完美。净度分级就是将钻石自身的缺陷和琢磨过程中出现的缺陷进行分级。

国内主要的钻石分级证书中净度分级对应如下表：

净度范围	美国宝石学院 GIA	瑞士钻石高层会议 HRD	中国国家珠宝玉石质量监督检验中心 NGTC
无瑕	FL（Flawless）		FL
		LC（Loupe Clean）	LC
内部无瑕	IF（Internally Flawless）		IF
极轻微内含物	VVS1	VVS1	VVS1
	VVS2	VVS2	VVS2
轻微内含物	VS1	VS1	VS1
	VS2	VS2	VS2
明显内含物	SI1	SI1	SI1
	SI2	SI2	SI2
严重瑕疵	I1	P1	P1
	I2	P2	P3
	I3	P3	P3

LC 级指在 10 倍放大条件下，未见钻石具内、外部特征，细分为 FL、IF 两个小级。FL 级未见内、外部特征，而 IF 级可有极轻微的、几乎无法察觉的外部特征，但未见内部特征。这类钻石市面出售的很少，而且价格很高。

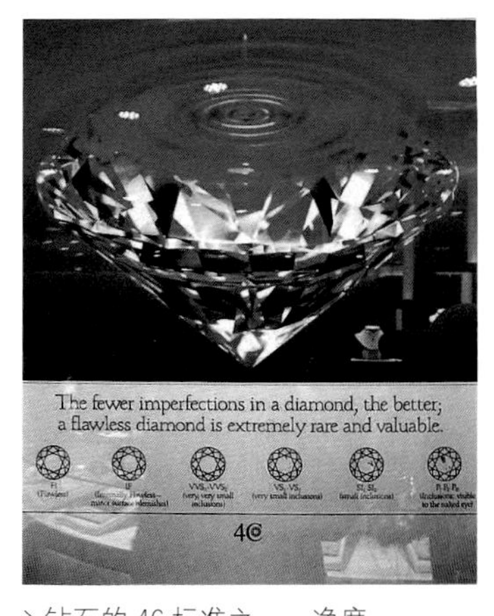

> 钻石的 4C 标准之一：净度

VVS 级指在 10 倍放大镜下，钻石具有极微小的内、外部特征，细分为 VVS1、VVS2 两个小级，前者是极难观察，后者是很难观察，可能有极小的点状包裹体，腰部有极小的云状物或纹理等。

VS 级指在 10 倍放大镜下，钻石具有细小的内、外部特征，

> 卡地亚钻石蓝宝石项牌

细分为VS1、VS2两个小级，前者是难以观察，后者是比较容易观察，这个级别的钻石一般人通过引导在10倍放大镜下仔细寻找就能看到瑕疵。

SI级指在10倍放大镜下，钻石具有明显的内、外部特征，细分为SI1、SI2两个小级，前者是容易观察，后者是很容易观察，当然上面所有的描述指的都是在10倍放大镜下。很多碎钻和一般首饰的钻石都是这个级别，一般人都能非常容易地在10倍放大镜下找到瑕疵。

P级指从冠部观察（即从顶向下看），肉眼可见钻石具内、外部特征，细分为P1、P2、P3三个小级，P1是肉眼可见，钻石的其他特性并未受到影响；P2是肉眼易见，钻石的光学性质受到了一定的影响；P3是肉眼极易见并可能影响钻石的坚固度，这样的钻石不仅外观不美，而且很容易坏。然而虽然P级钻美观度不高，但这种钻石价格非常便宜，很有市场。

消费者在购买钻石说到净度时，总希望买到十全十美的纯净钻石，要没有任何包裹体和

瑕疵。实际上，世界各地所产的天然钻石，由于各种成因条件的变化影响或多或少总会有些极微量的包裹体和小毛病，只不过以在10倍放大镜下所见为标准，倘若放大倍数更大，就会看到更多的“毛病”，而很多瑕疵肉眼是完全看不到的，并对钻石外观和美观度没有任何影响。

根据经验，小于1ct的钻石当净度高于SI2就无法从台面看到任何瑕疵，作为首饰已经足矣。这些毛病是鉴定天然钻石的依据，可以同鉴定证书上的净度素描图一一对应，是钻石的“身份证”。有的钻石瑕疵可能因为有特殊的形状或颜色而受到一些人的特殊喜爱，尽管是有瑕疵的，但一颗独特的钻石更有它独到的乐趣。

（3）颜色（Color）

钻石颜色分为无色到浅黄色系列以及彩色系列。习惯上人们都把无色称为“白”，越白则钻石无色程度越高。

> 钻石的4C标准之一：色级

钻石最早在印度发现，古印度人按照印度特有的种姓制度给钻石颜色进行分级，从高到低依次是无色的“婆罗门”，浅红色的“刹帝利”，浅绿色的“吠舍”，灰色的“首陀罗”。

19世纪中叶巴西成为世界钻石的主要出产地，人们在开采钻石的过程中发现那些无色的钻石里，有的比另外一些更加的无色，更加稀有，价值也就更高，因此，一些用于描述钻石颜色好坏的词出现，例如Golcondo就代表着颜色最好的钻石。

19世纪末，南非挖出钻石的消息传向全世界，人们从世界各地蜂拥至此，开始挖掘钻石。一开始，某些矿区出产的钻石颜色要比其他产区的好，人们就用这个矿区的名称来指代颜色好的钻石。不断的开采过程中人们发现并不是某些产区的钻石颜色就一定更好，但这些名称于20世纪30年代已成为钻石贸易的国际性术语，例如：Juger、River、Top Wesselton、Wesselton、Top Crystal、Crystal、Top Cape、Cape等。

现在无色到浅黄色系列的钻石称为开普（Cape）钻石，来源于南非首都开普敦（Cape Town），不同颜色等级的开普钻石价值差别

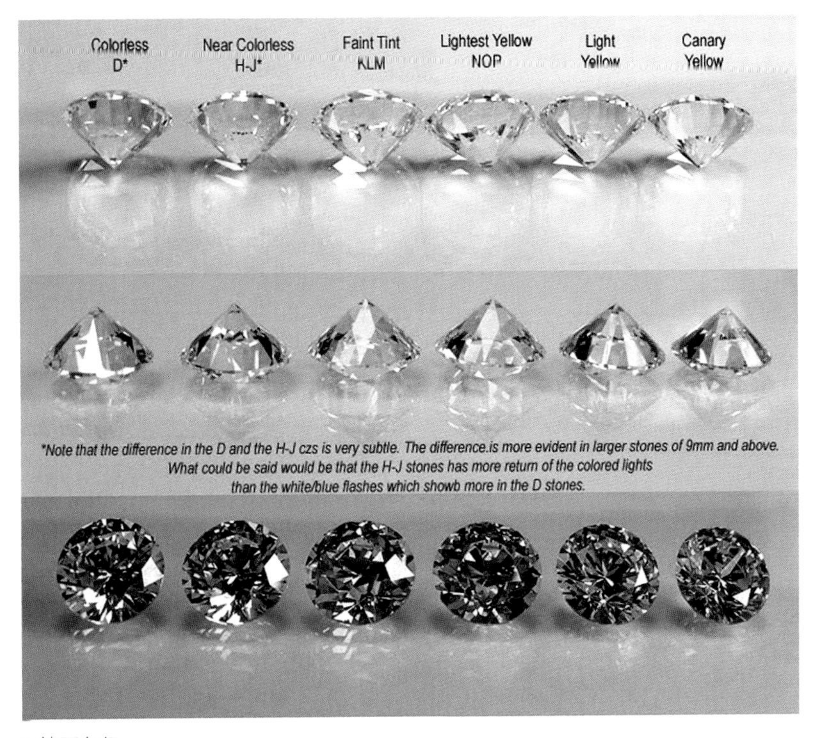

> 钻石色级

非常大，而老术语在描述方面并不十分准确。随着钻石贸易的不断发展，人们也在寻找一种更加准确的标准术语来描述开普钻石的颜色。

钻石颜色分级最早由美国宝石学院的创始人李迪克先生（Richard T Liddicoat，1918 ~ 2003年）提出，当时市场上已经有很多标准，描述用语不统一，造成了市场和消费者的困扰。李迪克对颜色级别进行了划分，并采用了新的术语，把颜色从无色到浅黄色分成了23个级别，以钻石（Diamond）的首字母D作为开端，采用英文字母D到Z一一给予标定。这个清晰明了的等级体系很快就被大众所接受，而其他的等级系统被逐渐摒弃。70年代前后，加入了净度、切工、克拉重量，形成了完整并被全球推广和使用的4C标准。

1973年比利时钻石高层会议（Diamond High Council—HRD）成立，并提出了自己的钻石分级体系，采用例如“SLIGHTLY TINTED WHITE”（稍微着色的白色）等描述钻石颜色，随后与GIA标准一一对应并保留

> 宝格丽彩钻胸针

描述，但在各级别中又加入了小级，如 G++ 即 G 色中非常近似 F 色的。

1974 年国际珠宝联合会（CIBJO）钻石分级标准出台。20 世纪 90 年代，港台地区流行以 100 分为最高色级的颜色分级标准，与 GIA 的 D 到 Z 的标准相对应。

改革开放以后，我国人民的消费水平不断提高，钻石消费日趋增多，为规范市场，国家珠宝玉石质量监督检验中心参考《抛光钻石术语及分类》，并根据我国市场的实际情况，于 1996 年起草和发布、1997 年 5 月 1 日实施了我国的钻石分级标准。早先我国内地的钻石颜色分级标准中，采用的是与港台地区一致的百分制，并有文字描述。在 2003 年修订的 GB/T 16554-2003《钻石质量评价标准》中加入与 GIA 相同的级别描述，从 D 到 < N 共 12 个级别，不再使用文字描述。在 2010 年修订的 GB/T 16554-2010 中增加了非无色至浅黄色系列（褐色和灰色）钻石的颜色分级，使标准的国际通用性更强。

中国的颜色分级曾有文字描述，与现在的颜色分级对应如下：

D 到 E 色属纯白，即极透明无色，即便是专业人士也看不到一点杂色；

F 到 G 色属优白，即无色透明；

H 色为白，从台面向下看是无色透明的，但从侧面看时似乎有极微弱的、淡的黄色色调；

> 18K 白金加钻镶无色蓝宝石坠

I 到 J 色属微黄级，从台面或侧面都可看出极淡的但是明显的黄色色调；

颜色范围	美国宝石学院 GIA	瑞士钻石高层会议 HRD	中国国家珠宝玉石质量监督检验中心 NGTC
	D	Exceptional White+	D 100
无色 Colorless	E	Exceptional White	E 99
	F	Rare White+	F 98
	G	Rare White	G 97
接近无色 Near Colorless	H	White	H 96
	I	Slightly Tinted White	I 95
	J		J 94
	K	Tinted White	K 93
微黄色 Faint Yellow	L		L 92
	M		M 91
	N		N 90
	O		
浅淡黄色 Very Light Yellow	P		
	Q		
	R		
	S	Tinted Color	
	T		<N <90
	U		
淡黄色 Light Yellow	V		
	W		
	X		
	Y		
	Z		

K 到 L 色属浅黄白色，台面及侧面均能明显感到较深的浅黄色色调；

M 到 N 色是浅黄色，< N 则是明显的黄色。

钻石的颜色分级，各标准都采用比色法，即通过样品与标准比色石对比来得到样品的颜色级别。我国分级时采用和美国宝石学院相同的比色灯——色温在 5500 ~ 7200K 范围内的荧光灯，而瑞士则采用 6600K 的比色灯，更为苛刻。分级时，当样品和比色石相同时，就是比色石的级别，当颜色在两粒比色石之间时，GIA 采用上限比色法，即样品与相似色级高级别的比色石色级相同。例如样品颜色在 G 和 H 色之间，则色级和 G 色比色石相同，为 G 色。我国 NGTC 则为下限比色法，即样品与相似色级低级别的比色石色级相同。例如样品颜色在 G 和 H 之间，则色级和 H 色比色石相同，为 H 色。

对于镶嵌钻石，我国标准分为 7 个大级，即 D-E、F-G、H、I-J、K-L、M-N、< N，原因是镶嵌钻石受到贵金属颜色的影响不能准确定级，故采用区间范围来分级。从这个区间划分来看，经验也是很重要的。H 色开始一般人在阳光下可以看到钻石的色调，而 G 色及以上则近乎“无色”，难以区分。

（4）切工（Cut）

一颗金刚石晶体，只有经过精细的琢磨，才能成为一颗能用来制作装饰品的钻石，切工对于钻石能不能出火，出火好不好都极为重要。

钻石的切工发展经历了 10 多个世纪的洗礼才逐渐形成现在的形制。

钻石起源于印度，在公元前 4 世纪的古印度文献中就有使用钻石作为工具对其他宝石进行加工的记载。在那个时候的印度人就知道可

> 钻石的 4C 标准之一：切工

以用一颗钻石敲击另一颗钻石，使被敲击的钻石裂开，这就是钻石劈开工艺的开始。

10 世纪，由于没有有效的切磨抛光钻石的方法，人们都直接将钻石原石镶嵌在首饰上。大约在 14 世纪，人们发明出了“金字塔形”切割法，即将钻石八面体晶体从一面横向切开，得到一个“金字塔”和一个大的有台面的“宝石”，之所以加上引号是因为这时的钻石仅仅只是一个切掉了一个角的晶体。

有文献记载，15 世纪中叶，比利时人路德

维希凡伯克姆发现了使用钻石可以打磨钻石，从此钻石不再只是世界上最坚硬的宝石，它的炫亮火彩终于得以展现出来。此后五百多年里，比利时人都在不断创新，推动着钻石的切工进步和发展。

16 世纪出现了台式切工，包括三角六面的“尖盾形”台式切工。16 ~ 17 世纪出现了特别的八边形切工。17 世纪后，一种最大限度使用钻石八面体晶体的玫瑰切工出现，包括单台面 6 面的“平花”、两个台面 12 面的“满花”等，玫瑰切工展现了钻石的透明，但不能展示钻石的闪光。

17 世纪下半叶，比利时工匠吉德尔（Gidel）发明了 32 面方形的明亮式切工，到 19 世纪中期，明亮切工有了多种变形。

20 世纪初，人们对于钻石各种性质的了解逐步深入，比利时切割师马歇尔·托科夫斯基（Marcel Tolkowsky）根据钻石的折射率计算出了钻石的理想式切工，确定钻石为 57 或 58 个面。

1969 年斯堪的纳维亚钻石委员会（Scan. D.N.）成立，提出了一种理想切工的比例范围。此后人们不断探索、不断开发出能极大展现钻石闪烁的切工，不同切工的钻石满足了人们不同的需求，丰富了人们的钻石生活。

市面上出售的钻石以圆形为主，这是因为从钻石八面体晶体切磨圆形钻石出成率最高，加工难度最低。同时，出现的众多非圆形的异形钻石，不仅是为满足消费者喜爱，更多的是为了最大限度地利用原料。

切工分级是所有分级中最困难的，不仅要测量各个刻面之间的比例和角度，还要考量钻石的对称性和抛光，现代切工分级已经研究出了通过目估钻石中特定影像的比例来确定各比例和角度，这大大提高了分级的速度，但一个熟练的钻石分级师进行切工分级所用的时间往

> 切割成两半的金刚石，经过精心打磨琢成两粒火彩四射的钻石

> 各种款式的钻石，从上左至右马眼形、水滴形、祖母绿形、圆形、垫形、椭圆形、公主方形、心形

> 卡地亚钻石项牌

往还是比进行其他三项分级的总和要多。好在科技的进步使得切工分级实现了自动化、高速化和准确化，极大地提高了分级速度。

切工分级分为比率分级和修饰度分级。比率包括了多个比例和角度，不同的台宽比对应一个好中差范围；修饰度分为对称性和抛光。三个项目都分为极好 EX（Excellent）、很好 VG（Very Good）、好 G（Good）、一般 F（Fair）和差 P（Poor），根据其组合得到一个综合的切工评价级别。

4C 原则不仅对于钻石分级很重要，对于鉴赏彩宝也同样重要，除了颜色在不同彩宝中有不同的要求外，重量、净度和切工都有着差不多的要求。

2. 钻石的投资技巧

购买钻石有许多不同的目的和需要，购买时都离不开几个重要的原则：

（1）如果只是为了做结婚佩戴或平时装饰用，应根据自己的经济能力和喜爱（有的喜欢小但品质高的，有的则喜欢稍大但品质低的）来购买，切不可跟风追求大克拉而过度消费造成矛盾影响生活，一份真情和美满的生活比再大的钻石都要珍贵。

（2）如果将购买钻石作为一种商业投资，首先要考虑自己对钻石投资营销是否有把握，有无质量保证的进货渠道，当你需要销售时，是否有可靠的销售渠道。如果进行经营业务（批发和零售店），则要对市场做较深入的调查（城市大小、已有的同等规模钻石店、消费能力、城市需求是否有足够空间等），然后再做出决定。

（3）当你拿到每一颗钻石时，都要仔细阅读附带的分级证书，检查净度素描图和实物是否对应，4C 级别的情况，该钻石是否是你所需要的类型和品质。

（4）一般人购买的钻石均为已经镶嵌在 K 白金或铂金上了的，选择时，应先看一下证书标注，特别检查钻石的爪子是否牢固，钻石有没有松动现象，旁边配镶的小钻是否完整，是否脱落。

当然，不论为哪种目的，购买钻石一定要到有信誉的正规厂家或商家购买，以免上当。

事实上，对于4C原则，许多人是搞不懂的，就连一般钻石店的店员，要向顾客解释清楚某颗钻石与另一颗同样重量而颜色、净度却不一样的钻石区别何在、究竟应该选择哪一颗时，都有一定难度。有没有什么办法较简单明了地解决这个难题呢？有，这就是0.00Q法。

0.00Q法：

该法由云南省珠宝玉石质量监督检验研究院制定，由云南省地方标准DB53/T346-2011《钻石及钻石饰品质量等级评价》提出。0.00Q法综合地评价了一颗钻石的级别，这个标准以国家钻石检测标准为基础，引入了“权重”的概念，基于不同级别的钻石对不同4C分级参数的高低进行打分，并结合镶嵌工艺和综合印象形成对钻石首饰进行评价得出最终结果。

在这个标准中，0.00代表的是钻石的克拉重量，不参与等级评价，是个不变的数。颜色、切工和净度三项参与评分，每项给予一定分数然后按“权重”得出总分以对应相应的等级。

影响因素有五项：

①光泽强，会出火；

②不带有影响美观的色调，主要指黄、褐色；

③在10倍放大镜下，肉眼不见杂质、瑕疵；

④镶嵌工艺精细、美观；

⑤设计巧妙，有时代审美感。

按影响因素多少分出A、B、C、D、E共5个级别：

A　非常好，分数895～1000分，5项影响因素都达标；

B　很好，分数720～894分，4项影响因素达标；

C　好，分数460～719分，3项影响因素达标；

D　一般，分数220～459分，2项影响因素达标；

E　差，分数≤219分，1项影响因素达标。

> 由大粒钻石配无数排钻镶成的项坠，是17~18世纪欧洲上层社会最流行的饰品

这个标准检测出的钻石，除克拉数明显外，品质好坏也一目了然。具体操作均由质检人员来完成，这个标准正在试行，就目前情况来看，商家和消费者都认为简单、明白、可行。

3. 钻石精品赏析

到目前为止，全世界产出的钻石数以吨计，但几乎都是在 1ct 以内的小钻，或重量虽大却只能用于作切削工具的工业用钻。记录在案的重量超过 324ct 的钻石仅有 35 颗，最大的库里南钻石有 3106ct，发现于 1905 年，最小的帕塔斯为 324ct，发现于 1937 年。有故事的世界名钻共有 74 颗。

> 一顶精美的皇冠帽檐上方镶嵌着众多钻石，中有一粒特大钻石，这是不是传说中的库里南的仿制品呢?

这些钻石大部分都制作成了项链、胸针或镶嵌在皇帝的皇冠上。镶嵌手法多为单镶，周边配以小钻。近年来大颗粒钻石十分难得，其价极贵。现在很多钻饰采取群镶小钻的办法以多取胜，也不失富丽，同样带给我们大钻的感受。虽然无法亲身感受大钻带来的震撼，但我们可以看看世界上几颗绝世巨钻的发现和伴随着它们发生的许多迷离神奇的故事，以及拥有它们的主人们的悲欢离合遭遇。

（1）钻石王国里的皇帝——库里南

1905 年 1 月 25 日这天，在南非阿扎尼亚的米列米尔钻石矿开采地，烈日当空，天空一丝云也没有。矿山管理人威尔士在矿区四处巡视，当他走到一个刚挖开清理出来的钻石开采场时，远处浮土中一块闪闪发亮的东西吸引了他的眼球，他走近一看，是一块金刚石的一个角。威尔士用小刀很小心地将这颗钻石四周的泥土撬开，一块男人拳头大小、通体透明的金刚石映入眼帘，威尔士自己都被吓了一跳。经确认，这是一块重达 3106ct 的最佳宝石级金刚石，它通体透明，略带非常浅的淡蓝色调，从那时起直到现在，这块金刚石都是首屈一指的世界最大的宝石级金刚石。

更为稀奇的是，这块金刚石并不是一个完

>著名的库里南一号钻石，又名“非洲之星”（重 530.2 克拉）

>与非洲之星同一块大金刚石切下琢成的库里南二号钻石（重 317.4 克拉）

整的金刚石晶体，而是一个更大的晶体上掉下来的一块碎片。这么好、这么大的金刚石，谁也买不起，于是当时的南非德兰士瓦地方政府花 15 万英镑收购，于 1907 年 12 月 9 日作为祝贺英王爱德华三世的生日礼物赠送给了英国皇室。

接下来的故事更为精彩，为了将这块稀世奇珍琢磨成钻石，1908 年初，库里南被专程送到当时加工琢磨钻石最具权威的荷兰阿姆斯特丹，交由约·阿查斯公司加工琢磨，工厂接到这块巨宝后都傻了眼，从未见过这么大的金刚石，所以召集了所有加工师来讨论研究加工方法。

这样大的原石，如果技术不够，用力不恰当，都可能将这块巨宝打碎成一文不值的一堆碎石。加工由当时荷兰最有名的钻石切割工匠约·阿斯查尔来完成，阿斯查尔花了几个月时间研究下力方案。他先设计制造了一套专用工具和与库里南一模一样的玻璃模型来进行实验，测试中玻璃仿制品均按照设计方案分割开来。接下来，约·阿斯查尔静静休息了几天，调整心态。1908 年 2 月 10 日，他和助手一行来到工作室，用一个特制的大钳子将库里南紧紧夹住，钳子上面有一个预先设计好的带角的槽，然后用一根特制的钢楔放在这个槽孔上。约·阿斯查尔屏住呼吸，用一根沉重的铁棍对准楔子用力打下去，“啪”的一声巨响，库里南却纹丝未动，而钢楔却被打断了。这时的阿斯查尔铁青着脸，头上不停冒着冷汗，周围的人鸦雀无声，目光都停在库里南上。阿斯查尔再次走到库里南面前，放上第二个事先准备好的楔子，屏住呼吸，睁大眼睛，举起沉重的铁棍向楔子打下去。这次，库里南按照原先设计的计划裂成了两半。当人们从惊喜中回过神来，看到阿斯查尔倒在地上不省人事，久久才睁开眼睛。

>库里南原石形状

> 镶有黑王子红宝石（尖晶石）和库里南二号的英帝国皇冠

> 镶有库里南一号的英帝国权杖

然后两名技艺精湛的切磨师花了 8 个月的时间，将库里南琢磨成了 9 颗大钻、96 颗小钻，总重量 1063.65ct，为原重的 34.25%，最大的一块被琢磨成重 530.2ct 的巨型大钻，取名为库里南一号（非洲之星），这是一颗清澈无瑕的水滴形钻石，共有 74 个面，镶嵌在了英帝国权杖上。第二大的一颗钻石接近方形，重达 317.4ct，共有 63 个面，取名库里南二号，目前仍是世界第二大钻，镶嵌在英帝国王冠的下方正中部位。另外那 7 颗大钻最大的有 94.4ct，最小的也有 4.34ct，全部归英国王室所有。库里南从发现到琢磨成钻石花了两三年的时间，琢磨的经费就花去了 8 万英镑。

1911 年，库里南一号镶嵌在了英帝国女王的皇冠上，由于无比珍贵且也很沉重，后又被取下收藏，改用同样大小的水晶琢磨的“水钻”代替。

1919 年，令人振奋的消息又从发现库里南的矿山中传出，这次是一颗重 1500ct 的宝石级金刚石，同样是一块晶体碎片，人们猜想这可能与库里南属同一个大金刚石，没有再取名字。

世界有许多稀奇、珍贵的财宝，当你还没有发现和认识它们时，它们可能只是路边的一块废石，人们常说的万事靠运气，而我却相信知识的力量，运气和知识结合在一起就会有好事发生。

很多年前在俄罗斯，一位车夫在泥泞不堪的乡间小道上赶着马车，忙着回家看望生病的母亲。马车走到一段林间小路时，车轮陷到了泥坑里，任凭车夫如何赶马、马如何使劲车轮也拉不出来，车夫只好跪在泥泞的路上，双手用力去挖泥坑中挡住车轮的石头，车夫搬出那块沉重的石头，借着微弱的月光，车夫发现这竟是一块形状很好的自然金。这就是运气碰上知识的例子。

再来看看名钻南非之星的故事。

（2）南非之星

1869 年，在南非金伯利地区，一位牧童赶着一群羊在草地上吃草，牧童不停在羊群周围跑动防止羊群跑散。他跑到一个草稀且有许多石头的小山坡时，石头缝里一闪一闪的有什么发出耀眼的光。牧童好奇地走过去一看，原来石头缝里有一块鸽子蛋大小的白石头在太阳光照射下发出亮光。牧童将石头捡起，放在贴身的衣袋中，并不时拿出欣赏。他很喜欢这块石头，并相信别人也一定会喜欢，说不定还能值几个钱呢。

牧童带着石头来到小镇上，想要用石头做交换在旅店里住一晚上，但没有人理睬他。第二天，牧童想要用它交换一顿早餐也遭到拒绝。

> 陈列于博物馆的大钻饰

牧童听说一位叫修克的人懂石头——修克便是第一位在南非发现钻石的人，于是牧童想法找到了修克。修克才拿起石头一看就露出了喜悦的神色，修克知道这是一块上好的金刚石。激动的修克睁大双眼，看着这颗大金刚石久久都讲不出话来。修克为了得到这颗金刚石，便立马承诺愿意用自己全部家产——10 头牛、500 只肥羊和一辆带篷的车交换，牧童当然很高兴地接受了这笔交易。而以全部家产做赌注的修克也得到了丰厚的回报，他以 11200 英镑的价格出让了这块重达 83.50ct 的金刚石。这块金刚石后来陈列在南非国会大厦，取名为“南非之星”。

“南非之星”发现的消息不胫而走，引起了世界许多寻宝者前来南非寻找钻石，淘宝热一下子带动了南非的经济，使原来一个很落后的农业国家在几年时间内一跃成为一个工业国家，正如有人预言的那样，南非之星给南非带来了巨大的发展。1870 年，这颗钻石被切割成

> 由大粒钻石配圆钻镶成的项坠，是17~18世纪欧洲上层社会最流行的饰品

> 这些陈列于博物馆的大钻饰，就附属项链上的每一粒钻石都近1克拉，显示大自然和人工合作放射出的异彩

> 由无数彩钻群镶而成的项坠，耀如星空中闪闪的繁星

一颗重47.75ct的梨形钻石，以125000美元售出。1974年，这颗被称为优瑞佳的钻石又由当时所有人杜德里以500000美元的价格转手。

世界上还有很多有名的钻石，比如充满传奇悲情色彩的霍普（hope）钻石；宛如神话般的“光明之山”和“光明之海”；记叙奴隶将腿砸开藏钻，后又千转百换，演出许多催人泪下故事的“摄政王”。每颗钻石的出现和围绕钻石的许多离奇曲折的故事更增添了钻石的神秘感。

4. 钻石行情

与中国人喜爱的翡翠价格相比，钻石的价格似乎更明白一些。首先，钻石是用质量和重量来衡量价格的，同时钻石也是唯一一个拥有全球通用评价标准的宝石，所以，对于1克拉（含1克拉）以下的钻石，只要用4C标准一衡量，价位基本上就能定下来。近几年，随着世界各国（尤其是发展中国家）经济的发展，诸如中国这样拥有10多亿人口的国家，对贵重奢侈品的需求日益旺盛而助推了钻石价格的攀升，且所需钻石的重量也由30分以下逐渐向50分或者1克拉靠近，同时，中国和世界上许多珠宝加工业的发展，也极大地推动了镶嵌用碎钻的加工和销售业的发展。因此，近几年内钻石的价位一直居高不下，每年涨幅由10年前的每年5%～10%的上涨幅度，提高到每年15%～20%的上涨幅度。

下表是2012年11月19日不同重量、色级、净度的钻石（裸钻）的报价表（以美元计算）。

בס"ד

RAPAPORT DIAMOND REPORT

Tel: 877-987-3400 ◆ www.RAPAPORT.com ◆ Info@RAPAPORT.com

November 9, 2012 : Volume 35 No. 43: APPROXIMATE HIGH CASH ASKING PRICE INDICATIONS : Page 1

Round Brilliant Cut Diamonds per "Rapaport Spec 2" in hundreds US$ per carat.

News: U.S. wealthy brace for tax hikes as President Obama wins second term in the White House. Far East retailers hope China's leadership change will restore consumer confidence and luxury spending. Indian retail jewelry demand improves ahead of next week's Diwali festival. Rough trading weak as Surat factories close for one month vacation. Berkshire Hathaway 9-month jewelry revenue flat with declining earnings. Pandora 3Q revenue +14% to $308M, profit +11% to $65M. U.S. 3Q online retail sales +15% to $42B. U.S. Sept. polished imports -18% to $1.5B, polished exports -15% to 1.4B. Belgium Oct. polished exports -4% to $1.1B, rough imports +29% to $901M. We wish everyone a happy Diwali.

RAPAPORT : (.01 - .03 CT.) : 11/09/12 ROUNDS

	IF-VVS	VS	SI1	SI2	SI3	I1	I2	I3
D-F	12.5	10.0	7.3	6.0	5.0	4.6	4.0	3.3
G-H	10.0	8.5	6.5	5.5	4.6	4.3	3.8	3.0
I-J	7.5	6.8	5.8	5.0	4.4	4.2	3.5	2.7
K-L	4.9	4.2	3.9	3.5	3.1	2.6	2.2	1.6
M-N	3.6	3.0	2.4	2.1	1.8	1.5	1.3	1.0

RAPAPORT : (.04 - .07 CT.) : 11/09/12

	IF-VVS	VS	SI1	SI2	SI3	I1	I2	I3	
D-F	11.5	9.0	7.2	5.9	5.0	4.5	3.9	3.2	D-F
G-H	9.0	8.0	6.4	5.4	4.4	4.2	3.7	3.0	G-H
I-J	7.5	6.8	5.8	5.0	4.3	4.0	3.4	2.8	I-J
K-L	5.1	4.5	4.1	3.5	3.2	2.7	2.3	1.8	K-L
M-N	3.8	3.2	2.6	2.3	2.0	1.7	1.4	1.1	M-N

RAPAPORT : (.08 - .14 CT.) : 11/09/12 ROUNDS

	IF-VVS	VS	SI1	SI2	SI3	I1	I2	I3
D-F	12.0	10.0	7.8	6.5	5.8	5.1	4.4	3.8
G-H	10.0	8.8	7.0	6.0	5.6	4.6	4.0	3.6
I-J	8.5	7.5	6.4	5.5	5.0	4.5	3.9	3.3
K-L	6.7	6.0	5.2	4.4	3.8	3.3	2.8	2.3
M-N	4.5	4.0	3.5	3.1	2.8	2.3	1.8	1.4

RAPAPORT : (.15 - .17 CT.) : 11/09/12

	IF-VVS	VS	SI1	SI2	SI3	I1	I2	I3	
D-F	13.5	12.2	8.7	7.5	6.7	5.5	4.6	3.9	D-F
G-H	12.0	10.2	8.0	6.7	5.8	4.9	4.1	3.6	G-H
I-J	10.0	8.8	7.0	6.1	5.2	4.5	4.0	3.3	I-J
K-L	7.5	7.0	5.4	4.9	4.0	3.5	2.9	2.4	K-L
M-N	5.5	4.6	3.9	3.4	3.1	2.4	1.9	1.7	M-N

RAPAPORT : (.18 - .22 CT.) : 11/09/12 ROUNDS

	IF-VVS	VS	SI1	SI2	SI3	I1	I2	I3
D-F	15.0	13.0	9.3	8.3	7.3	6.0	5.0	4.2
G-H	13.5	11.5	8.8	7.5	6.6	5.5	4.7	3.8
I-J	11.0	9.9	7.7	6.6	5.6	4.9	4.2	3.6
K-L	9.0	7.7	6.4	5.4	4.6	4.1	3.2	2.6
M-N	7.5	6.6	5.4	4.3	3.8	2.9	2.2	1.8

RAPAPORT : (.23 - .29 CT.) : 11/09/12

	IF-VVS	VS	SI1	SI2	SI3	I1	I2	I3	
D-F	18.0	16.0	11.5	9.7	8.5	7.0	5.6	4.5	D-F
G-H	16.0	13.5	10.0	9.0	7.7	6.5	4.9	4.1	G-H
I-J	13.0	11.0	8.3	7.2	6.5	5.3	4.3	3.7	I-J
K-L	11.0	9.5	7.2	6.4	5.8	4.5	3.5	2.8	K-L
M-N	9.0	7.8	6.2	5.4	4.7	3.4	2.7	2.1	M-N

Very Fine Ideal and Excellent Cuts in 0.30 and larger sizes may trade at 10% to 20% premiums over normal cuts.

RAPAPORT : (.30 - .39 CT.) : 11/09/12 ROUNDS

	IF	VVS1	VVS2	VS1	VS2	SI1	SI2	SI3	I1	I2	I3
D	44	**36**	**31**	**27**	24	20	18	17	15	11	7
E	**36**	**32**	**28**	25	22	19	18	17	15	10	6
F	**32**	**29**	**25**	22	20	18	17	16	14	9	6
G	**29**	27	24	21	19	17	16	15	13	8	5
H	26	24	22	**20**	18	16	15	14	12	8	5
I	23	21	19	17	16	15	14	13	11	7	5
J	20	18	17	16	15	14	13	12	10	7	4
K	18	17	16	15	14	13	12	10	8	6	4
L	16	15	15	14	13	12	10	8	6	5	3
M	14	13	13	12	12	11	9	7	5	4	3

W: 26.52 = -1.34% ✧✧✧ T: 15.64 = -0.52%

0.60 - 0.69 may trade at 7% to 10% premiums over 0.50

RAPAPORT : (.40 - .49 CT.) : 11/09/12

	IF	VVS1	VVS2	VS1	VS2	SI1	SI2	SI3	I1	I2	I3	
D	52	44	**38**	36	28	24	21	19	16	12	8	D
E	45	**39**	**35**	32	26	23	19	18	16	11	7	E
F	**39**	36	32	28	25	22	18	17	15	11	7	F
G	**36**	32	30	27	24	21	18	16	14	10	6	G
H	**32**	31	27	**26**	22	20	17	15	13	9	6	H
I	**28**	26	24	**22**	20	19	16	14	12	8	6	I
J	**24**	23	21	19	17	16	15	13	11	8	5	J
K	23	21	19	17	16	15	13	11	9	7	5	K
L	20	19	18	16	15	14	12	10	7	6	4	L
M	17	16	16	15	14	13	10	8	6	5	4	M

W: 32.88 = -0.60% ✧✧✧ T: 18.72 = -0.29%

0.80-0.89 may trade at 7% to 12% premiums over 0.70

RAPAPORT : (.50 - .69 CT.) : 11/09/12 ROUNDS

	IF	VVS1	VVS2	VS1	VS2	SI1	SI2	SI3	I1	I2	I3
D	93	**71**	**61**	52	**46**	37	30	26	22	17	12
E	70	**60**	**55**	49	**42**	**34**	28	25	21	16	11
F	60	**55**	50	**47**	40	31	26	23	20	16	11
G	57	50	47	42	**36**	29	**24**	21	19	15	10
H	50	47	41	**36**	**32**	27	**23**	20	18	14	9
I	44	**39**	35	31	28	23	21	19	16	13	9
J	34	32	29	27	23	21	20	18	15	12	8
K	29	27	24	21	20	19	18	16	14	11	8
L	26	22	21	20	19	18	16	15	13	10	7
M	22	19	18	18	17	17	15	14	12	9	6

W: 51.56 = -0.39% ✧✧✧ T: 27.29 = -0.17%

RAPAPORT : (.70 - .89 CT.) : 11/09/12

	IF	VVS1	VVS2	VS1	VS2	SI1	SI2	SI3	I1	I2	I3	
D	**117**	89	**78**	68	63	52	45	38	31	20	13	D
E	90	**79**	**71**	64	59	50	43	37	30	19	12	E
F	80	72	64	61	53	48	41	35	29	18	12	F
G	70	65	60	53	48	43	38	33	28	17	11	G
H	64	60	53	48	44	41	35	31	26	16	11	H
I	52	50	**47**	44	41	36	30	27	24	15	11	I
J	40	39	38	**33**	**32**	**30**	28	25	22	14	10	J
K	34	32	30	**27**	**26**	**25**	23	20	17	13	10	K
L	30	27	26	23	22	21	19	18	16	11	9	L
M	29	26	24	22	21	19	18	17	15	10	7	M

W: 66.92 = -0.30% ✧✧✧ T: 35.92 = -0.30%

בס"ד

RAPAPORT DIAMOND REPORT

Tel: 877-987-3400 ◆ www.RAPAPORT.com ◆ info@RAPAPORT.com Ⓡ

November 9, 2012 : Volume 35 No. 43: APPROXIMATE HIGH CASH ASKING PRICE INDICATIONS : Page 2

Round Diamonds in hundreds US$ Per Carat: THIS IS NOT AN OFFERING TO SELL

We grade SI3 as a split SI2/I1 clarity. Price changes are in **Bold**, higher prices underlined, lower prices in italics.

Rapaport welcomes price information and comments. Please email us at prices@Diamonds.Net.

0.95-0.99 may trade at 5% to 10% premiums over 0.90

RAPAPORT : (.90 - .99 CT.) : 11/09/12 — ROUNDS

	IF	VVS1	VVS2	VS1	VS2	SI1	SI2	SI3	I1	I2	I3
D	168	130	114	90	76	70	61	51	40	22	15
E	**130**	115	101	81	72	65	59	49	39	21	14
F	113	101	88	76	69	63	55	47	38	20	14
G	101	88	76	69	63	58	52	44	35	19	13
H	86	76	70	62	59	54	49	41	33	18	13
I	72	64	61	56	53	50	44	38	31	17	12
J	64	57	52	50	47	44	39	34	28	16	12
K	50	47	44	41	39	36	32	28	23	15	11
L	42	40	39	37	35	31	28	25	21	14	10
M	40	38	34	31	30	28	26	23	19	13	10

W: 90.96 = 0.09% ✧✧✧ T: 48.79 = 0.04%

1.25 to 1.49 Ct. may trade at 5% to 10% premiums over 4/4 prices.

RAPAPORT : (1.00 - 1.49 CT.) : 11/09/12

	IF	VVS1	VVS2	VS1	VS2	SI1	SI2	SI3	I1	I2	I3
D	284	202	176	137	114	82	70	59	47	27	17
E	201	174	142	118	**100**	**78**	67	56	45	26	16
F	170	141	119	110	90	**75**	65	55	44	25	15
G	133	119	109	90	**83**	**73**	62	53	43	24	14
H	108	101	90	81	**75**	67	59	50	41	23	14
I	90	85	76	71	65	62	55	46	37	22	13
J	***77***	***71***	***68***	65	60	54	51	42	32	20	13
K	***68***	***64***	***59***	***57***	***54***	48	44	37	30	18	12
L	55	53	50	49	47	42	38	33	28	17	11
M	49	45	43	39	37	34	**31**	28	25	16	11

W: 130.68 = 0.09% ✧✧✧ T: 64.60 = -0.03%

1.70 to 1.99 may trade at 7% to 12% premiums over 6/4.

RAPAPORT : (1.50 - 1.99 CT.) : 11/09/12 — ROUNDS

	IF	VVS1	VVS2	VS1	VS2	SI1	SI2	SI3	I1	I2	I3
D	347	250	218	181	152	111	88	71	54	31	18
E	248	216	186	164	139	**108**	86	69	51	30	17
F	214	185	162	144	124	**103**	81	66	50	29	16
G	169	153	139	123	112	**96**	78	64	49	28	16
H	137	128	116	108	98	87	73	60	47	27	16
I	111	107	101	91	84	75	66	55	43	25	15
J	97	89	86	79	72	64	60	49	38	23	15
K	78	76	71	69	***63***	***57***	51	43	35	20	14
L	65	62	60	57	54	49	45	39	32	19	13
M	55	51	48	47	42	41	39	34	28	17	13

W: 168.52 = 0.00% ✧✧✧ T: 80.59 = 0.01%

2.50+ may trade at 5% to 10% premium over 2 ct.

RAPAPORT : (2.00 - 2.99 CT.) : 11/09/12

	IF	VVS1	VVS2	VS1	VS2	SI1	SI2	SI3	I1	I2	I3
D	522	390	342	291	213	155	117	84	65	34	19
E	388	341	293	250	191	144	115	81	63	33	18
F	341	293	256	216	179	135	110	78	61	32	17
G	269	229	201	173	155	127	105	73	59	31	16
H	197	191	175	155	130	115	99	68	56	30	16
I	153	149	141	124	111	101	89	62	52	28	16
J	***119***	115	111	102	91	85	75	57	48	25	16
K	***110***	***106***	103	94	87	79	67	53	43	24	15
L	***90***	85	80	76	71	63	57	47	38	23	14
M	***75***	***74***	***72***	68	61	53	46	40	30	22	14

W: 255.24 = 0.00% ✧✧✧ T: 112.61 = -0.10%

3.50+,4.5+ may trade at 5% to 10% premium over straight sizes

RAPAPORT : (3.00 - 3.99 CT.) : 11/09/12 — ROUNDS

	IF	VVS1	VVS2	VS1	VS2	SI1	SI2	SI3	I1	I2	I3
D	1025	670	576	463	356	224	155	97	78	40	21
E	666	582	490	407	325	205	150	92	73	38	20
F	579	490	412	340	301	185	145	87	68	36	19
G	445	389	340	297	245	168	131	82	66	35	18
H	327	305	276	245	198	146	121	78	64	34	18
I	242	228	217	193	163	118	107	73	60	32	17
J	186	178	176	160	137	105	97	68	54	29	17
K	159	148	144	132	115	96	83	62	48	27	16
L	115	113	111	106	93	73	62	52	42	26	16
M	100	97	94	85	78	66	55	47	34	25	16

W: 429.96 = 0.00% ✧✧✧ T: 169.42 = 0.00%

RAPAPORT : (4.00 - 4.99 CT.) : 11/09/12

	IF	VVS1	VVS2	VS1	VS2	SI1	SI2	SI3	I1	I2	I3
D	1115	757	689	558	436	267	184	102	86	44	23
E	757	689	592	500	412	257	179	97	81	43	22
F	689	592	524	451	373	238	175	92	77	41	21
G	519	461	422	393	320	209	160	86	72	39	20
H	388	369	335	310	262	184	150	81	66	37	20
I	281	267	247	228	199	155	131	77	62	35	19
J	228	218	204	184	165	136	116	72	56	33	18
K	189	179	170	155	141	112	97	66	51	31	17
L	136	126	116	112	102	82	72	56	45	29	16
M	116	107	102	97	87	72	60	51	38	27	16

W: 516.52 = 0.00% ✧✧✧ T: 200.64 = 0.00%

Prices for select excellent cut large 3-10ct+ sizes may trade at significant premiums to the Price List in speculative markets.

RAPAPORT : (5.00 - 5.99 CT.) : 11/09/12 — ROUNDS

	IF	VVS1	VVS2	VS1	VS2	SI1	SI2	SI3	I1	I2	I3
D	1513	1038	912	781	601	359	233	112	92	48	25
E	1038	912	815	713	553	330	228	107	87	46	24
F	892	815	727	640	475	306	218	102	82	44	23
G	669	611	548	490	412	267	209	97	78	42	22
H	524	475	436	388	325	233	184	87	73	40	21
I	388	359	344	306	272	204	160	81	68	38	20
J	291	272	257	238	228	175	141	73	63	36	19
K	228	213	199	179	170	141	116	68	58	33	18
L	165	155	145	136	126	107	82	58	48	31	17
M	136	131	126	121	112	97	73	53	39	29	17

W: 692.12 = 0.00% ✧✧✧ T: 259.84 = 0.00%

RAPAPORT : (10.00 - 10.99 CT.) : 11/09/12

	IF	VVS1	VVS2	VS1	VS2	SI1	SI2	SI3	I1	I2	I3
D	2425	1552	1377	1193	931	582	373	175	107	59	29
E	1552	1377	1232	1057	849	538	364	165	102	57	27
F	1324	1203	1067	921	742	500	354	160	97	55	26
G	1048	970	873	776	650	451	335	155	92	52	25
H	844	776	703	626	529	378	301	136	87	51	24
I	611	582	543	480	427	325	257	121	82	48	23
J	456	436	417	398	359	276	223	112	78	46	22
K	339	320	310	296	267	218	179	102	73	43	21
L	242	238	228	213	194	165	121	89	63	40	20
M	213	204	194	184	170	136	112	78	53	36	19

W: 1063.88 = 0.00% ✧✧✧ T: 399.60 = 0.00%

Prices in this report reflect our opinion of HIGH CASH ASKING PRICES. These prices are often discounted and may be substantially higher than actual transaction prices. No guarantees are made and no liabilities are assumed as to the accuracy or validity of this information.

2013 年 03 月 01 日云南省昆明市三个钻石饰品店不同重量、色级、净度的销售价

序号	重量（ct）	色级	净度	售价（RMB）	折扣
01	1.00	H	VVS	130 000	
02	0.81	I-J	VVS	96 058	7 折
03	0.7	F-G	VVS	99 798	7 折
04	0.3	F-G	VVS	25 000	7 折
01~04 号为已镶嵌					
05	0.75	H	VS2	61 590	7 折
06	0.75	N	SI2	62 595	7 折
07	1.01	J	VVS2	139 080	7 折
08	1.00	G	VVS2	278 300	7 折
05~08 号为未镶嵌					
09	1.63	G	VVS1	420 000	
10	1.32	E	VS1	249 000	
11	1.01	D	VVS2	219 000	
12	1.23	D	VVS2	299 000	
09~12 号为已镶嵌，不折价					

以上价位明显高出 2012 年裸钻报价，但是只供商家，镶嵌是非常费工费时的功夫，故购买钻石要考虑个人经济实力，挑选适合的重量、级别和做工。

> 钻石晶体

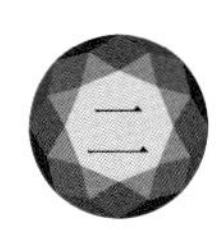

名宝双娇——红宝石和蓝宝石

> 蛋面红宝石

> 宝格丽蓝宝石花形胸针

> 各色的刚玉宝石（其中也有尖晶石晶体）

在世界最有名的五大名宝石中，同一种基本物质结构的宝石居然占了两个大席位。这便是刚玉类宝石——红宝石和蓝宝石。

红宝石和蓝宝石以它仅仅次于钻石的 9 度硬度（钻石 10 度）和艳丽鲜亮的色彩一直被世人公认为最吉祥、最圣洁的象征。不论是埃及的法老，还是古老的神殿、伊斯兰教隆重的祭祀活动中，都出现有红、蓝宝石的身影；伊丽莎白女皇皇冠上、沙皇华美的皇袍上也都常见到有红宝石的镶嵌饰品。

无论珠宝界或者是商界，对红宝石、蓝宝石的身世一直都非常关注，许多科学家试图通过各种分析研究弄清这两种宝石的物质组分、成色机理。18 世纪，随着科学研究手段的日益先进，人们终于弄清楚了它们的秘密。原来，红宝石、蓝宝石都是一种三氧化二铝结晶而成的矿物晶体，由于含的致色离子不一样，便形成了红色系列和蓝色为主的包括蓝、紫、浅粉红、黑色、无色的系列。

刚玉这个名字是来自梵语中的“kuruvinda”，这是红色宝石的意思。这种晶体特征很明显，多呈六方双锥的中间粗、两头细，极像一个纺锤或欧洲装啤酒的橡木桶。除了颜色纯正的红色称红宝石（Ruby）外，其他颜色的统称蓝宝石（Sapphire），除蓝色外应标明颜色，例如绿色蓝宝石。

最早蓝色以外的刚玉宝石应该是有它自己的名字的，但是过多的名字容易造成混淆和不便，所以采用某某色蓝宝石的称法，既把颜色交代清楚了，又把宝石的种类讲明白了。除一般颜色外，还有一种蓝宝石在日光下为蓝色，而在白炽灯下呈浅紫色或浅紫红色的，称亚历山大蓝宝石。

> 用 18K 黄金将众多红宝石群镶成牡丹花，是将小红宝石的利用发挥到了极致

1. 红宝石

小贴士 红宝石

成分	Al_2O_3；可含有 Cr、Fe、Ti、Mn、V 等元素
形态	三方晶系，六方柱状、桶状，少数呈板状或叶片状
解理	无解理，双晶发育的宝石可显三组裂理
颜色	红、橙红、紫红、褐红色
摩氏硬度	9
比重	4.00
折射率及光性	1.762~1.770；双折射率：0.008~0.010　一轴晶负光性
光泽	玻璃光泽至亚金刚光泽
发光性及吸收光谱	紫外荧光：长波：弱至强，红、橙红；短波：无至中，红、粉红、橙红、少数强红 吸收光谱：694nm、692nm、668nm、659nm 吸收线，620~540nm 吸收带，476nm、475nm 强吸收线，468nm 弱吸收线，紫光区吸收
包裹体	丝状物、针状包体，气液包体，指纹状包体，雾状包体，负晶，晶体包体，生长纹，生长色带，双晶纹
市场价	详见文

> 单个红宝石晶体也可制作成各种漂亮的手玩件

> 越南红宝石晶体

> 非洲红宝石原石

> 由 3~5 个越南产红刚玉晶体组成的簇状红宝石聚晶

> 宝格丽红宝石花卉胸针

红宝石（ruby）来自拉丁语“ruber”，是红色的意思。在梵语中，红宝石是“ratnaraj”，是珍贵宝石之王的意思。

缅甸的抹谷地区盛产红宝石。缅甸是佛教国家，人们认为红宝石是美好未来的护身符，能使佩戴者获得无敌的力量；而在俄罗斯，则认为红宝石可以用来治疗心脏以及脑部疾病。红宝石也是伊斯兰教的重要宝石，据说，亚当被驱逐出天堂到麦加后，他面前放有一个红宝石的罩子，下面则是一块正在生长的陨石，亚当被指引在上面制造 Kabah（克尔白神庙），也就是当今位于麦加城中的伊斯兰圣殿。

形成红宝石的致色离子是铬元素，古代西方人们对这种宝石的成因弄不明白，出现了许多神奇的传说。11 世纪法国主教 Marbodius 认为红宝石是古时候龙额头中间的眼睛变成的。

> 非洲红宝石磨制的项珠

> 宝格丽红宝石花卉胸针

> 红宝石和具有星光效应的红宝石

近代科学分析，在刚玉结晶体结构中，大约有五千分之一的铬元素替代了铝，形成由深红色到鲜红色的红色系列。当然并不是所有红色的刚玉宝石都称红宝石，只有颜色鲜艳且正的才被称作红宝石，其中最美的红色被称为“鸽血红”。中世纪的时候人们将色红而艳、底透且好的红宝石当成是已经成熟的红宝石，那些底差、色淡的被认为是未成熟的，他们以为宝石也像水果一样，熟透了的就好。事实上，红宝石在琢磨之前都要经过适当的热处理以使红色更明快，同时，也除去一些杂色。

世界上红宝石矿区很多，但均未见有很大的晶体，一般多为 10 克拉以下的小晶体。这里有一个秘密，即刚玉晶体在生长中铬元素会抑制其体积大小。正因如此，大粒宝石才显得稀少，价格也就很昂贵了。很多盛产红宝石的国家如缅甸、斯里兰卡、泰国，最有价值的矿多产在砂矿中，一方面是因为几千几万年来经过流水反复不断地淘汰和分选，能留下的自然是精品；另一方面，砂矿容易开采，无须任何大型设备，一个人加一个筛子就可以进行，这样采矿中也不会对宝石晶体造成破坏，高质量的原石得以大量保存。

> 红宝石黝帘石琢松竹梅岁寒三友图，图中的黑色部分琢有两只喜鹊，又有喜上梅（眉）梢之意

>与黝帘石共生的非洲红宝石

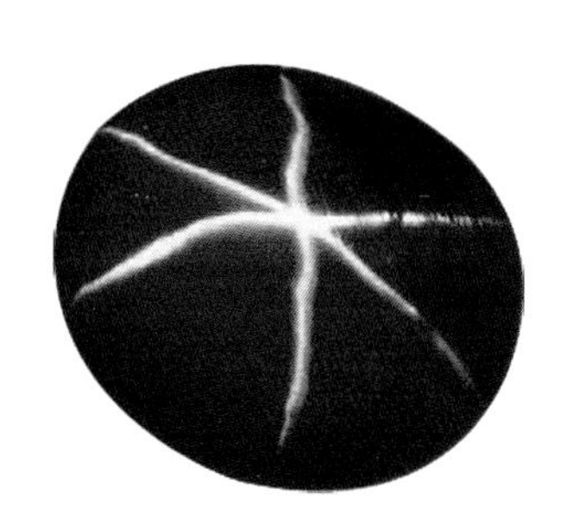

>DeLong 星光红宝石

>由非洲红宝石与黝帘石琢成的“西瓜”，如果不说，谁会相信这块鲜活的果品，竟然是“石头”

>看着这饱满且丰硕的挂满竹枝头的豆荚，一幅人寿年丰的图景油然而生。豆是长寿、多子多孙的象征，也是世人向往的田园风光美色。作品构图严谨，豆荚错落有致，主题鲜明，比例造型恰到好处

关于对红宝石认识的故事，最值得提及的就是一粒名叫“黑王子”的红宝石，这粒红色的宝石很漂亮，从 1367 年就开始镶嵌在英帝国王冠上，谁都认为它是一粒红宝石，直到 19 世纪重新整修王冠时，才鉴定出它是一粒红色的尖晶石。

世界上最大的一粒红宝石是一粒叫 DeLong 的星光红宝石，重达 100.3 克拉，发现于 20 世纪 30 年代的缅甸。这颗红宝石于 1938 年捐献给了美国自然博物馆。1964 年 10 月 29 日被一群入室盗宝者盗走，一起被盗走的还有其他许多著名宝石。而这起案件的作案者居然是三个极一般的小偷，其中一人放风，两人从一扇开着的窗户进入博物馆，轻而易举地将展览柜打开，拿出宝石，乘人不备轻松地逃走。这几个蟊贼拿到宝石后，到处炫耀而被警方知道，几经周折警方将大部分宝石追回，可是著名的DeLong红宝石却被他们卖掉了。后来经过长期谈判，美国自然博物馆最终用 25000 美元才赎回。如有机会，读者在美国自然博物馆中还能见到这颗珍贵的红宝石。

>已经琢磨好的红宝石，还只能算作半成品，还待用 18K 黄金、18K 白金、PT900、PT950(铂金) 等镶嵌，才能成为一件件首饰

>18K 白金配钻镶嵌的红宝石戒指

>18K 白金配钻镶嵌的红宝石戒指

>生长在粗晶方解石中的红宝石晶体

近年来，在非洲的某地发现了长在黝帘石矿物内的红色—紫红色刚玉的集合体，晶体呈群生状态，同绿色黝帘石形成了红绿相间的宝石。经采矿工人小心开采后，得到一块块原石，经中国工艺大师精心琢磨，即成美轮美奂的红宝石摆件。

成就这项事业的人，就是一位名叫张敬战的珠宝商人。张敬战原籍河南，经营珠宝有近 20 年历史，他在市场上发现偶尔有商人从缅甸购到这种红绿相间的石头，凭他多年的经验断定这种石头会有无限前景。在千

>红宝石与黝帘石的结合制作的挂件相得益彰

>18K 白金配钻镶嵌的红宝石戒指

方百计打听到产地后，他义无反顾地只身前往非洲，冒着枪林弹雨，千辛万苦地将原料运回我国云南瑞丽，再经艺人们的反复设计、多次试琢，大器乃成。许多色彩丰富、造型独特且从未面世的红宝石—黝帘石，其美自天成，搭配协调的雕件、手玩件、饰品让人们耳目一新，成为近几年来云南省玉雕作品中的佼佼者。

>好一挂鲜活的杨梅，仿佛带着初夏的雨露，在嫩绿的叶子中展示着大自然的生机，用坚硬的红宝石和脆性的黝帘石雕成的这件作品，设计构思独到，琢工老到，造型优美。杨梅预示着青春年华、扬眉吐气的意思

> 兰本山中草，默默一生了，一香压千红，世人当作宝。作品巧妙利用原材料中红宝石与黝帘石共生及红宝石的分布，创造出生机一片的兰花、肥厚的叶片，好一幅春兰图

> 一条红宝石琢成的章鱼爬在黝帘石琢成的海螺上，充分展现海中生物的活力

> 由红宝石、黝帘石琢成的金蟾。金蟾是中国神话中的招财之神

> 这个红宝石琢的猫头鹰在凝听远方发出的微弱之声。设计巧妙，造型生动

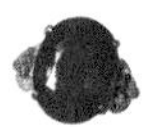

>春光无限好，秋色也宜人，君若不相信，试看秋菊放。硬而脆的红宝石在雕刻大师的手下，变成了伸展花瓣怒放的秋菊，真不能不佩服。红宝石雕件是近10年才问世，其中有许多惊人的作品

>香薰是古时宫廷御用之物，一般用白玉制作，作者选用大块色好的红宝石精心琢磨后几部分相接而成，设计理念在传统的章法上有所创新，难的是红宝石料较脆，琢磨时需万分小心、功夫到位方能成就独具中国玉文化特色的作品

> 红宝石与黝帘石的结合制作的龙牌

> 单个红宝石晶体也可制作成漂亮的挂件

> 九十九朵玫瑰是个不朽的爱情传说，作者选择鲜红的红宝石仔细用心雕作而成，呈心形的造型更体现了匠心独运

> 单个红宝石晶体制作成永不凋谢的玫瑰

> 龙戏珠挂件

市场行情

随着世界珠宝界对红宝石需求不断攀升与开采量的日益减少，红宝石近年来价位也在不断上涨。2000 年稍好的红宝石 1 克拉售价 600 ~ 800 元，2013 年达到 900 ~ 1 200 元，好品级的达 1 500 元，而更高档品级的红宝石 1 克拉竟达到 15 000 元。

在购买红宝石时，要分清出产地。一般越南产的红宝石偏紫红、暗红；泰国产的红宝石色淡，而且因红宝石晶体中有一条显黑的蓝宝石的线，要经加热处理（俗称烧宝）才能去掉黑心，处理时，温度和时间一定要掌握好，烧过了会形成无色的白点，烧不到火候则留下隐约的黑点（这也是鉴定泰红宝石的特征之一）。另外，红宝石的代用品、仿冒品很多，因此必须要附有鉴定证书的方可考虑购买。

2. 蓝宝石

小贴士 蓝宝石

成分	Al_2O_3；可含有 Fe、Ti、Cr、V、Mn 等元素
形态	三方晶系，六方柱状、桶状，少数呈板状或叶片状
解理	无解理，双晶发育的宝石可显三组裂理
颜色	蓝、蓝绿、绿、黄、橙、粉、紫、黑、灰、无色
摩氏硬度	9
比重	4.00
折射率及光性	1.762~1.770；双折射率：0.008~0.010　一轴晶负光性
光泽	玻璃光泽至亚金刚光泽
发光性及吸收光谱	紫外荧光： 蓝色：长波：无至强，橙红；短波：无至弱，橙红 粉色：长波：强，橙红；短波：弱，橙红 橙色：一般无，长波下可呈强，橙红 黄色：长波：无至中，橙红、橙黄；短波：弱红至橙黄 紫色、变色：长波：无至强，红；短波：无至弱，红 无色：无至中，红至橙 黑色、绿色：无 热处理的某些蓝宝石有弱蓝或绿白色荧光 吸收光谱：蓝色、绿色、黄色：450nm 吸收带或 450nm、460nm、470nm 吸收线；粉红、紫色、变色蓝宝石具红宝石和蓝色蓝宝石的吸收谱线
包裹体	色带、指纹状包体、负晶，气液两相包体，针状包体，雾状包体，丝状包体，固体矿物包体，双晶纹
市场价	详见文

蓝宝石英文名称为sapphire，源于拉丁文“Sapphirus”，就是蓝色的意思。

古时候人们不了解蓝宝石，常将它与海蓝宝石放在一起出售。直到 18 世纪中期才知道它和红宝石才是一家。

> 两个相连的蓝刚玉晶体面上又长出众多小的六方柱蓝刚玉晶体

> 在砂矿中采到的单个蓝刚玉晶体

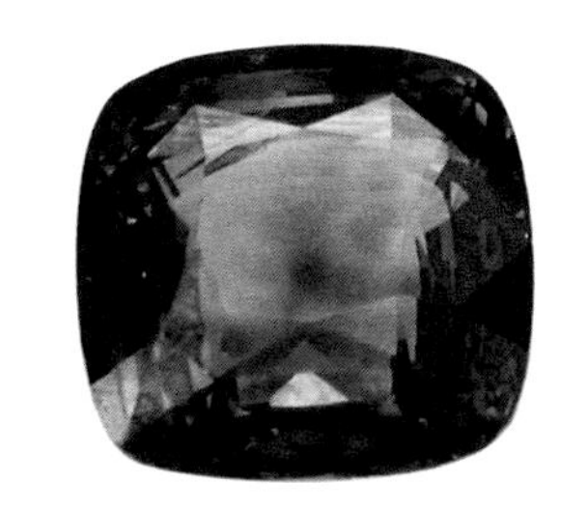

> 一粒已经琢磨好的蓝宝石

>18K 白金加钻镶蓝宝石戒指

蓝宝石有由钛、铁元素离子致色的纯蓝色蓝宝石，由锰、铁、钒、镍或不含任何致色离子的粉色、紫色、铁蓝色蓝宝石乃至无色的蓝宝石。

绝大部分蓝宝石的色素离子在宝石中分布都不均匀，因此，一块天然蓝宝石，看上去总会感觉到不同位置颜色有差异，有条带状的颜色，这是消费者识别蓝宝石是否天然宝石的诀窍之一。

另一个诀窍是从不同方向观察蓝宝石也会有颜色变化，通常是体色深浅变化或者蓝色和无色，这是由蓝宝石的多色性强造成的。

近年来，随着人们对蓝宝石需求量的增加，许多国家应用热处理和辐照技术使一些乳白色的、无色的刚玉宝石改变颜色，变成像著名的斯里兰卡宝石那样漂亮。当然与未处理的相比，显然火头、亮度和自然美观程度仍然有一定差别，但也是要有一定技术水平的专家方能分辨得出。有意思的是，直到 19 世纪，许多国家还将偏绿的蓝宝石叫做东方橄榄石，黄色蓝宝石被当做东方托帕石，而当你看到古典小说中讲到的蓝宝石（sapphire）时，却指的是现在称作青金石的一种彩石。

人们使用蓝宝石的年代很久远，据说在公元前 800 年的考古发现中，就有蓝宝石的记录。在英帝国的皇冠上，镶有一粒名叫爱德华的蓝宝石，它是来自公元 1042 年爱德华的忏悔者之冠。

在科学不发达的中世纪，人们将蓝宝石当做药物，煮水喝来治疗眼疾，并且坚信蓝宝石是一种可解毒的药剂。11世纪时，法国主教Marbodius这样描述过蓝宝石：“蓝宝石美得就像天上的宝座，它们献出了那些被实实在在的希望所感动的人和用契守和高尚节操活出闪亮人生的人的单纯的心。”许多教会都将蓝宝石镶在教会戒指上。而在东方，人们坚信佩戴蓝宝石是可以对抗恶魔眼睛的最好的护身符。

>18K白金加钻镶蓝宝石戒指，不同的镶嵌方式显示出个性

世界上产蓝宝石的国家很多，缅甸、斯里兰卡、尼日利亚所产的蓝宝石品质高、颜色好。克什米尔产一种纯蓝的、被称作“矢车菊”的蓝宝石，斯里兰卡产的深蓝色蓝宝石一直以高品质“卡蓝”而闻名，还有一种稀有的粉橙色品种被称为帕德玛（padparadscha，又译“帕帕拉恰”）蓝宝石，我国山东产的蓝宝石含铁重，显浓蓝黑色，需进行改色方才漂亮。

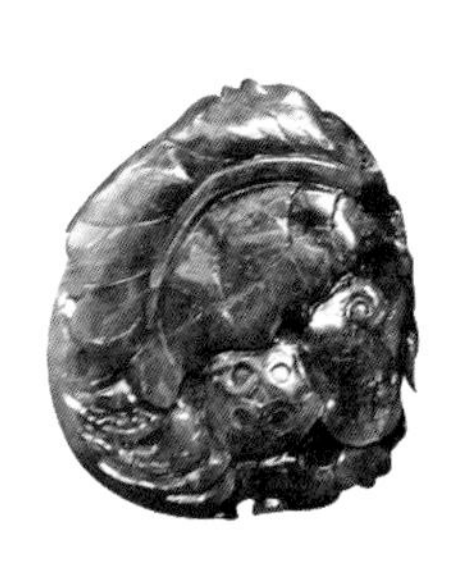

>蓝宝石琢的手玩件

>达不到戒面级别的蓝宝石（也可称蓝刚玉）用于雕琢成福寿如意摆件，是近年一般蓝色应用的新途径

天然蓝宝石尽管不少，但仍然满足不了人们的需求。1920 年就有工业级的合成蓝刚玉出现，随后人工合成蓝宝石大量出现。人们购买蓝宝石时，要遵循“先认真、假，再认好、坏”的原则。

>缅甸产星光蓝宝石

>蓝宝石和浅红蓝宝石戒面。蓝宝石多色性强，不同的区域、不同的方向颜色均会变化

>18K 白金加钻镶蓝宝石项链。美国图桑国际珠宝展展品

>著名的“克什米尔”蓝宝石

>美国自然博物馆展示的一粒大蓝宝石胸饰，是条名为 Bismark 的项链，重 96.8ct

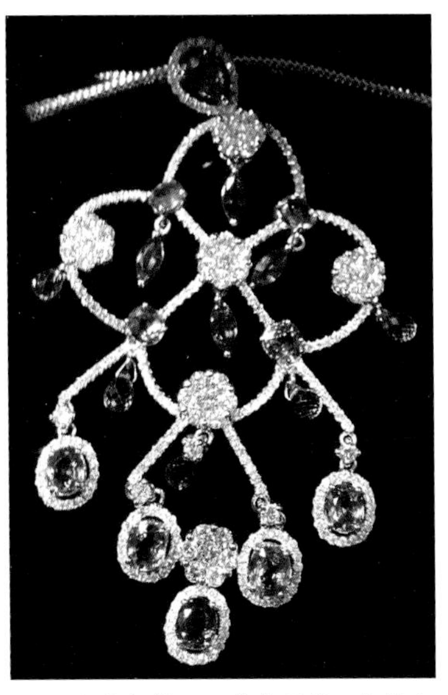

> 宝格丽蓝宝石胸针

> 宝格丽蓝宝石胸针

>18K 白金加钻及配黄水晶镶 9 粒蓝宝石项坠

>18K 白金加钻镶“卡蓝”手链，极富时代感

蓝宝石的市场走势

我国珠宝市场出售的蓝宝石有两种销售方式，一种是半成品（已经琢磨好但未镶嵌），另一种是专售已经镶嵌好的宝石戒指及饰品，以后者销售居多。蓝宝石每年增值约 10%~15%，而稀少的、有星彩的、大颗粒的蓝宝石则每年增值 20%。目前一般品级 30 分左右的每粒 50 元，50 分的每粒 150 元，1 克拉色好的一般售价 500 元，而大于 1 克拉的则根据颜色、切工好坏，最贵每克拉 12000 元，5 克拉好色的约 50000 ~ 80000 元 / 克拉。已经镶嵌好的则要加上金价、钻石价以及镶工等成本价。

三 祖母绿

小贴士 祖母绿

成分	$Be_3Al_2Si_6O_{18}$；可含有 Cr、Fe、Ti、V 等元素
形态	六方晶系，常呈六方柱状
解理	一组不完全解理
颜色	浅至深绿色、蓝绿色、黄绿色
摩氏硬度	7.5 ~ 8
比重	2.72
折射率及光性	1.577 ~ 1.583；双折射率：0.005 ~ 0.009　一轴晶负光性
光泽	玻璃光泽
发光性及吸收光谱	紫外荧光：一般无，也可呈长波：弱，橙红、红；短波：弱，橙红、红（较长波弱） 吸收光谱：683nm、680nm 强吸收线，662nm、646nm 弱吸收线，630 ~ 580nm 部分吸收带，紫光区全吸收
包裹体	气液固三相包体；气液两相包体；矿物包体，如方解石、黄铁矿、云母、电气石、阳起石、透闪石、石英、赤铁矿等；裂隙常较发育
市场价	详见文

祖母绿的英文来源于希腊语“σμαραγδος”，由于古人认知的局限性，除了祖母绿外，古代记载中其他不少绿色石头也用了这个名字。

> 重达 858 克拉的祖母绿晶体

公元前 1300 年前，祖母绿就在埃及红海岸边的 Jabal Sukayt 和 Jabal Zabgrah 被开采了。历史上的很多首饰上的祖母绿都来源于这几个矿区，亚历山大大帝征服埃及后称其

> 法拉赫王后凤冠

为“埃及艳后的宝藏”。这些矿区于1817年再次被发现，但仅有少量低劣的祖母绿了。对于埃及人来说，祖母绿是生命和繁殖的象征。阿兹台克人把祖母绿称为“quetzalitzli”，和一种称为“quetzal”有绿色长羽毛的鸟联系在一起，认为是季节周而复始、生命循环的象征。在欧洲，炼金术士把祖母绿当做水星之石，是上帝的信使、死后灵魂的容器。

> 很多粒祖母绿装点的头饰

祖母绿这个名称来源于波斯语，由元代往来于波斯和蒙古帝国的回回商人根据读音翻译成助木剌，后又才改为祖母绿。祖母绿与绿柱石类宝石是属于含铍、铝的硅酸盐类，这类宝石具玻璃光泽，化学性质十分稳定，硬度达7.5度，是非常理想的宝石材料。

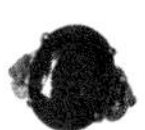

按照国际惯例，被称作祖母绿的宝石必须具备三个条件：

（1）必须是绿柱石类宝石的结晶；

（2）必须含有致色离子铬（Gr）；

（3）晶体内必须有似层状云，类似知了翅膀的名叫蝉翼的结构。

第三条很重要，合成的祖母绿几乎都没有这种平行直线状蝉翼结构。祖母绿宝石以它纯净清澈且极富青春自然气息、闪着迷人的绿色玻璃光泽的色彩受到了人们喜爱。南美洲的哥伦比亚木佐、契沃尔一带，当地的土著民族一直将祖母绿当做最珍贵的宝贝，用它来制作最崇拜的神像，藏在深深的山洞内。当西班牙人发现南美洲并开始残酷的殖民统治时，一场大规模的屠杀和抢夺便开始了。殖民者发现当地印第安人佩戴的祖母绿饰品，就悄悄进入到森林覆盖的神秘山洞，他们杀死印第安人，抢走一块块沾有鲜红人血的祖母绿，有些殖民者直接强迫当地人带他们去找寻藏有祖母绿的山洞和祖母绿矿山，那些不愿意引路或者中途逃跑的印第安人都惨遭杀害。

几百年来，哥伦比亚的木佐、契沃尔和高斯乖斯产出了许多世界闻名的祖母绿宝石，这些宝石大多产于很细的石英细脉或者纯白的方

>18K 白金加钻镶艳绿色祖母绿项链，是 18 世纪欧美流行款式（美国博物馆藏）

> 由大粒钻石和艳色祖母绿镶嵌的豪华胸针（美国博物馆藏）

> 用祖母绿宝石琢磨成的戒面，上三角形、下左圆形、下右阶梯形又称祖母绿形

> 结晶完整、透明度好、淡绿色的祖母绿晶体极为罕见

>18K 白金加钻镶祖母绿手链，中西合璧的设计理念更符合当代人的审美观

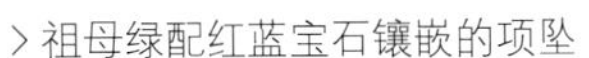

>祖母绿配红蓝宝石镶嵌的项坠

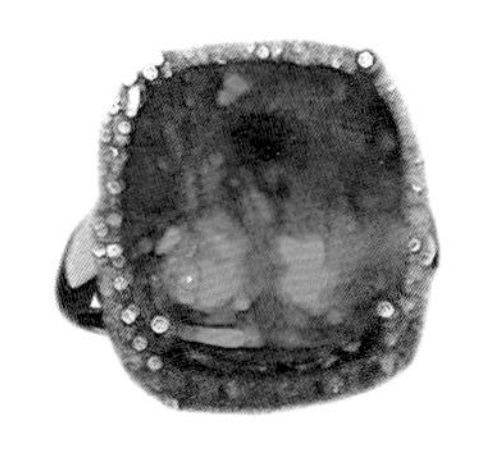

>云南市场上出售的来自哥伦比亚的祖母绿

>印度产小粒祖母绿配钻制成的项坠

解石细脉，以及黑色页岩中。

除了哥伦比亚，世界上产祖母绿的国家还有：印度、俄罗斯、奥地利、挪威、澳大利亚、巴西、南非、巴基斯坦等国以及中国云南，都有祖母绿宝石的产出，但是成色均不如哥伦比亚的纯净清澈。

祖母绿宝石如此诱人，促使人们想尽办法来寻求人工生产。人工合成祖母绿最终于 1937 年在美国出现，与天然祖母绿不相上下，但是太纯净，没有天然祖母绿的蝉翼结构，反而让追求真和自然美的收藏家们不敢问津。

目前世界上最大、最好的天然祖母绿，仍是产于哥伦比亚。哥伦比亚的波哥大共银行收藏的天然祖母绿最多、最好，其中有一个单晶体宝石有 1795 克拉。

>由大粒钻石和艳色祖母绿镶嵌的豪华胸坠（美国博物馆藏）

>一组由18K金配钻镶嵌而成的祖母绿戒指

>18K金加钻镶嵌的祖母绿项坠

>美国图桑国际珠宝展览会展出的18K金加钻镶祖母绿戒指，是chalk祖母绿，重37.82ct

>美国图桑国际珠宝展览会展出的18K金加钻镶祖母绿胸坠，是Mackay祖母绿，重167.97ct

＞祖母绿、钻石、黄金的绝配，显示出设计师的智慧

市场行情

中国人对祖母绿并不陌生，虽然祖母绿与翡翠同属绿色，不过祖母绿绿色清澈外扬，而翡翠绿色温润含蓄，更符合中国人的审美观念。随着时代的发展，许多年轻及步入中年的女士也逐渐接受这种宝石。目前市面上 1 克拉以下的祖母绿每克拉售价约 400 元， 1 克拉到 5 克拉的祖母绿每克拉售价约 1500 元到 10000 元不等（一般均视质量、净度、有无裂纹、裂纹多少而定）。

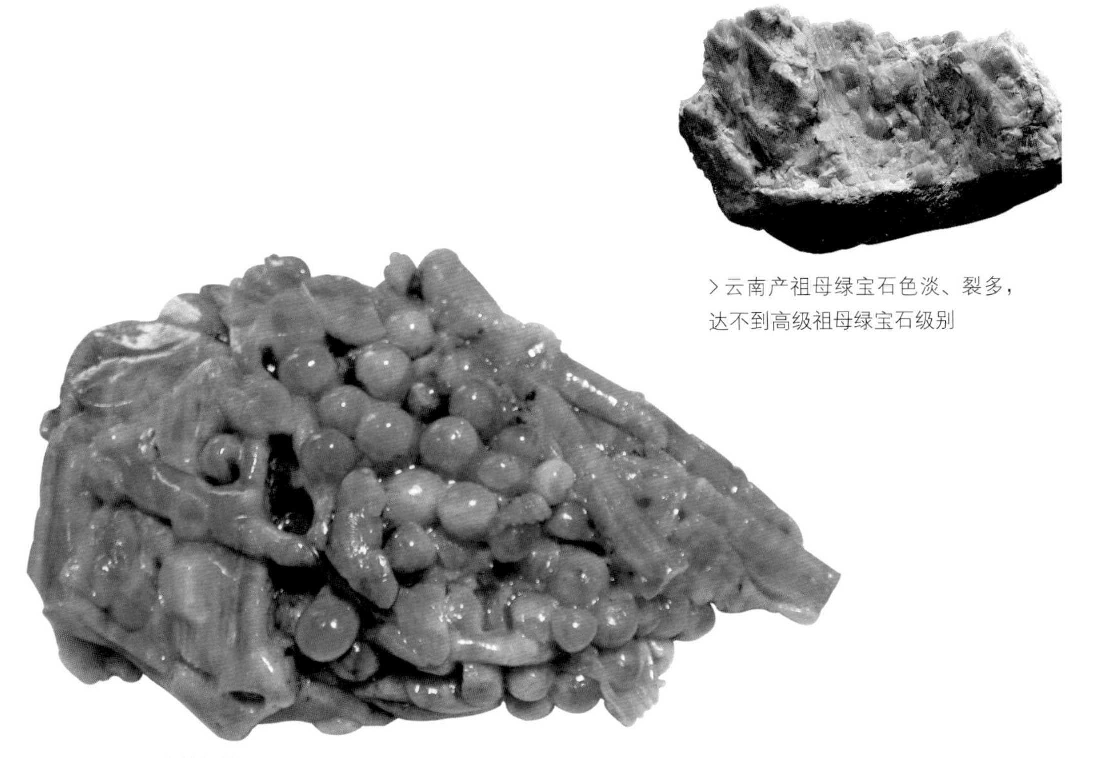

＞云南产祖母绿宝石色淡、裂多，达不到高级祖母绿宝石级别

＞用云南祖母绿琢成的摆件

四 神秘的彩宝——金绿宝石

小贴士 金绿宝石

成分	$BeAl_2O_4$；可含有 Fe、Cr 等
形态	斜方晶系，板状、粒状，假六方的三连晶
解理	三组不完全解理
颜色	黄至黄绿色、灰绿、褐至褐黄 （变石猫眼呈蓝绿和紫褐色，稀少）
摩氏硬度	8 ~ 8.5
比重	3.73
折射率及光性	点测 1.74 左右 1.746 ~ 1.755； 双折射率：0.008 ~ 0.010 二轴晶正光性
光泽	玻璃光泽
发光性及吸收光谱	紫外荧光：无，变石呈弱至中的红色 吸收光谱：445nm 强吸收带
包裹体	丝状包体，指纹状包体，负晶
市场价	详见文

金绿宝石是含铍和铝的氧化物，它们形成的晶体常常呈双连晶形态，因其硬度很高，仅次于红、蓝宝石，因此，当它们脱离母岩——云母片岩时，常常随水的流动而搬运到很远的地方，变成有名的砂矿宝石。

金绿宝石的英文名称为 Chrysoberyl，源于希腊语的 Chrysos（金）和 Beryuos（绿宝石），意思是“金色绿宝石”。最常见的金绿宝石是绿色、绿黄色、黄色到褐色的透明刻面宝石，即“金绿宝石”。浅黄色巴西产金绿宝石在 17~18 世纪被西班牙和葡萄牙人用于制作贵重首饰。

在亚洲，使用金绿宝石已有近千年的历史。人们相信，佩戴它有抵抗妖魔不能近身、确保平安的神力。

> 真正的金绿猫眼宝石

1830 年的乌拉尔祖母绿矿山上，有一位采宝者在淘洗砂矿时淘到几粒绿色的小粒宝石，他将这些宝石放在一个小布袋中。晚上，淘宝者将小布袋打开，在微弱的烛光下观看时，从布袋中倒出来的不是绿色宝石，而是泛着淡淡红光的宝石。起初，淘宝者以为白天淘的宝石装错了地方，但当他将所有淘到的宝石放在桌上时，绿宝石真的不见了。红色的宝石却一粒不少地出现了。采宝者将这些神奇的宝石献给了沙皇亚历山大大帝，那天正好是亚历山大大帝 21 岁的生日，亚历山大大帝就将这种宝石命名为亚历山大石。亚历山大石也称变石，是金绿宝石中最为珍贵的一种。

世界上已知最大的刻面变色金绿宝石在俄罗斯，重 66 克拉，这种会变色的宝石超过 10 克拉就已经是极其稀有的了。

近几年在缅甸、津巴布韦、坦桑尼亚以及马达加斯加、美国科罗拉多州都相

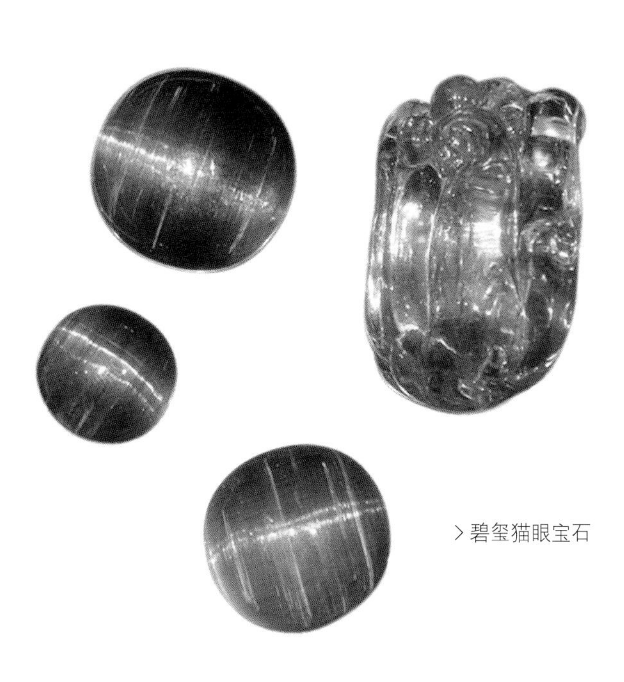
> 碧玺猫眼宝石

＞猫眼宝石的“猫眼效应”

＞左为矽线石猫眼，右是石英猫眼

继发现了亚历山大石，最早、最有名以及产出质量最高的产地则是俄罗斯乌拉尔。乌拉尔是一个以铜矿等金属矿和多种宝石出产而闻名于世的地区。这种变色宝石很吸引人，科学家们通过了解它的形成机理，多次试验后生产出了人工合成变石，但微量元素与天然宝石相比，缺少了铝而多了铬。

亚历山大石对中国彩宝爱好者来说有些陌生，而金绿宝石的另一个品种——猫眼宝石却是国人们都很熟悉的。

金绿宝石形成的过程中有一组平行的极细的管状、纤维状包裹体生成，如能事先确定好包裹体生长方向，平行切下再琢磨成蛋面，灯光照耀下，在宝石黄、淡黄和葵花黄的底面上出现一条光带，这条光带会随着光线强弱而改变粗细，宛如猫的眼睛一样，这便是大家熟知的猫眼宝石或者直接称作猫儿眼。

其实许多会有平行包裹体的宝石如方柱石、碧玺、水晶、磷灰石、矽线石都有这种猫眼效应，但国际上规定，只有金绿宝石产生的猫眼才可直呼猫眼宝石，其他宝石出现的猫眼要在前面加上宝石的名称，比如：碧玺猫眼、月光石猫

>磷灰石猫眼宝石项链

>碧玺猫眼宝石

眼等。目前所知，世界上的猫眼宝石一般都不大，几乎未见有超过 100 克拉的。

除了神奇的亚历山大石和猫眼宝石外，还有一种则是既有变色效应又有猫眼效应的变石猫眼。

我国尚未发现有工业价值的金绿宝石产出，世界主要的金绿宝石产自斯里兰卡和俄罗斯。

市场走势

近年来随着市场不断开放，很多斯里兰卡宝石商人进入我国市场，带来了很多金绿宝石，主要是猫眼宝石和变石猫眼，变石猫眼在流通珠宝市场上很少见，价格较高。

市场所售的猫儿眼多为 1 克拉左右的，售价与蓝宝石相近。目前已经知道的一粒 2 克拉猫儿眼售价约 3 000 元，而同等质量的一粒 3.5 克拉的售价约 15 000 元。消费者购买金绿猫眼时，要看颜色是否纯正，越鲜黄越好，极淡的黄或者无黄色的、底面不干净或者猫眼的光线不直、拐弯、断线者都是次品，价值低得多。当然，有猫眼效应的宝石非常之多，若指定买金绿宝石的，则要先确认真、假，看好坏，再讲价。

九色耀彩识翡翠

> 玻璃种带正色翠琢福瓜

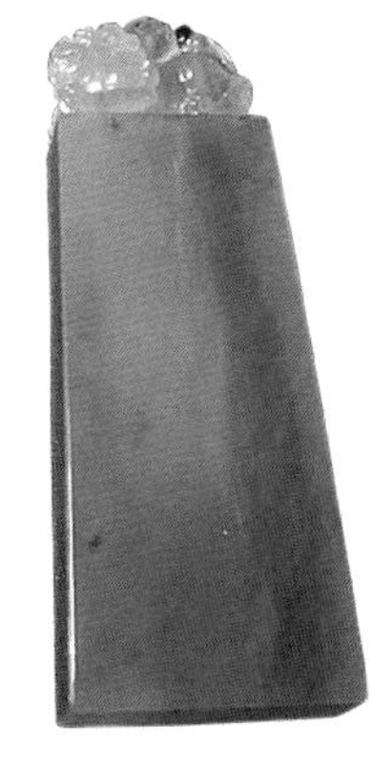

> 木讷场口翠琢挂件

中国的珠宝文化与世界许多国家不一样，在中国，常将翡翠也列入世界名宝（去了猫眼宝石），中国五大名宝就成了独具中国特色的珠宝文化。

中国是一个尊玉、崇玉、爱玉的文明古国，中国人的血脉中深深地打上了玉概念的烙印。从距今五千年前的红山文化和良渚文化开始，我国所经历的大大小小朝代，无不反映出游猎文化和农耕文化在玉器制品上的南北特征。在几千年的用玉历史中，中华民族将玉比作一切真、善、美的化身，并如孔夫子所言："君子无故，玉不去身"，玉真如人的影子一般，朝夕相处；并且人们对于天、地、人、神、鬼的理解认识，对于自然美的憧憬，都通过玉表达出来。在一代代人的使用、传承、创造发展中丰富了玉文化的内容，形成了中国玉文化从无形到有形的一套完整的体系。值得指出的是，我国的玉均是本土产出的、以软玉为主的新疆和田玉、东北岫玉、河南独山玉以及各省所产的珠宝界称为"地方玉"的蛇纹石类、透闪石类，以及可能的石英质类的玉。

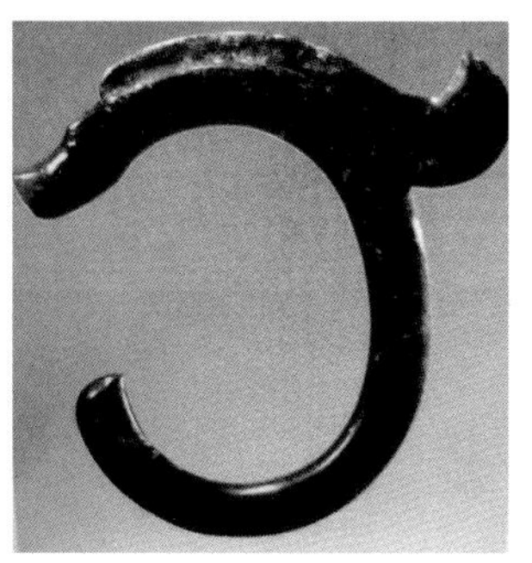
>红山文化出土的玉龙距今约6000~8000年

>玉鼎，其盖上饰物即为龙九子之一的全貌

>辽宁红山文化出土的玉猪龙

>青玉雕龙形佩饰，战国玉饰典型龙图纹

小贴士 翡翠

成分	$NaAl(Si_2O_6)$；可含有 Cr、Ca、Ni、Fe、Mg 等元素
形态	原生为块状、砂矿、半山半水矿，呈圆块状
颜色	多色，红、绿、紫红为基本色调
摩氏硬度	6.5 ~ 7
比重	3.33
折射率及光性	1.66（1,65 ~ 1.67）
光泽	玻璃光泽至油脂光泽
发光性及吸收光谱	紫外荧光：长波：弱至强，红、橙红；短波：无至中，红、粉红、橙红，少数强红 紫光区 437nm 紫光区吸收
市场价	详见文

> 鸡油黄冰种黄翡琢蝶变

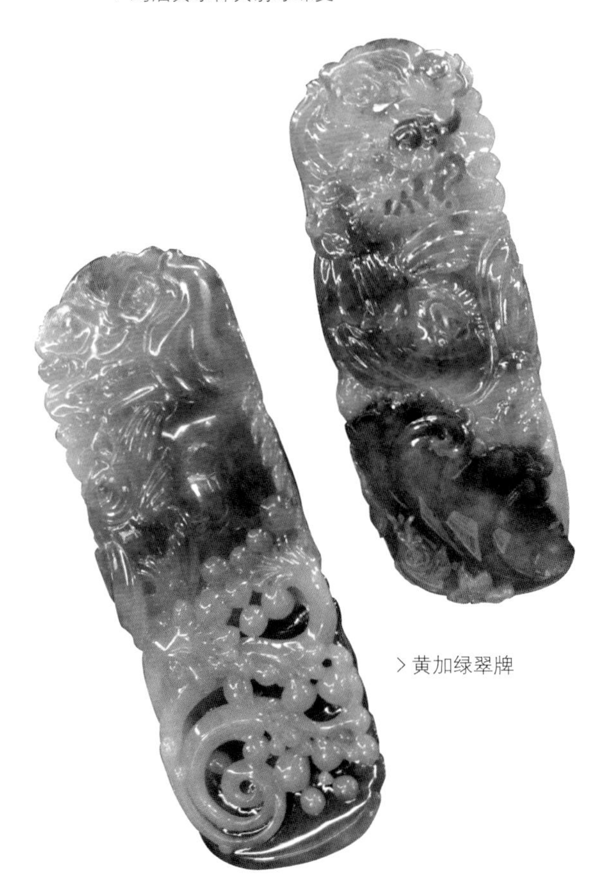

> 黄加绿翠牌

明代晚期，大量汉族人因拓边和安定云南边疆等缘故，由南京应天府柳树湾兵营调迁入滇，许多兵丁随战事平息而改为屯垦戍边，并与当地人结合而安家于云南保山、腾冲一带。汉族士兵中，有许多是精通冶炼、纺织、雕刻的，他们在当地发挥技艺，从事各种工艺生产。结果，腾冲一带工农业生产一度兴旺繁盛起来，有了足够多的产品，农闲时便三五结伴向遥远的地方去寻求更多赚钱的生意。

商人们赶着马帮，带着纺织品、银饰品、铁木生产工具等翻山越岭，经过无人烟、野兽出没、烟瘴袭人的野人山，进入雾露河。一代一代人不断扩散、延伸，有的一去不复返、有的九死一生回到腾冲，多少年过去了，终于打通了从腾冲通往今日缅甸帕敢、龙坛、达木坎的马帮商道。

在与当地原住民以物换物进行交易时，云南马锅头（对赶马人中带队头人的称呼，也有对赶马人称呼的意思）发现当地人经常捡拾一些有色的、光滑皮壳的石头在村头大树下把玩，一些被认为稍差的即被丢弃在路边。

故事是这样说的，有位马锅头在整理马驮子时，为了平衡驮子两边的重量，就从路边捡了一块自认为合适的石头放进轻的那边驮子里。

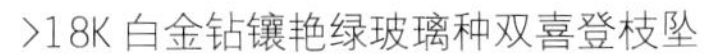

>18K 白金钻镶艳绿玻璃种双喜登枝坠

>玻璃种翠项坠（铜架）

>翠，18K 金镶小坠

回到腾冲，从驮子中拿出那块石头时，看见泛绿光，便沿用解白玉的方法用铁丝加细砂滴上水慢慢锯，石头解开后，果然外皮红，里边泛绿，肉质细糯，制作成手镯很耐看。顿时雾露河边产美玉的消息在人群中传开，人们纷纷踏上了寻玉之旅。

清代檀萃所著《滇海虞衡志》卷二云："玉出南金沙江，江昔为腾越所属，距州二千余里，中多玉，夷人采之，掀出江岸各成堆，粗矿外护，大小如鹅卵石状，不知其中有玉并玉之美恶与否，估客随意买之，运至大理及滇省，皆有作玉坊，解之见翡翠，平地暴富矣。"关于翡翠，笔者已经出版了三本书，有兴趣的可去翻看。

翡翠的质量评述，最简单的仍是四个字："种、水、色、工"。

种：泛指翡翠的质地，由钠铝辉石形成环境及形成带由中心到边缘逐渐变化。常见的种有：玻璃种、玻冰种、冰种、豆种、芋头种、石灰种，有时种的概念在出现浓绿色的情况下也直呼为"地"，如玻璃种没有色时，也可称玻璃地。种也可用"老""嫩"来形容，玻璃种之类为老种，石灰地、豆地即种嫩。

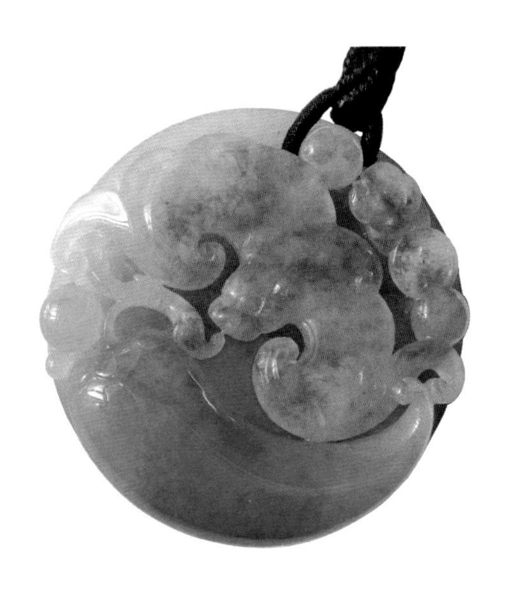

>黄夹绿翠琢福寿连连圆牌

水：水是翡翠的透明程度，在质地不同的翡翠上的表现。在相同块度和厚度的情况下相比较，确定透明度好的称水好，也可将水与地子合起来称呼，如：玻璃水、豆水、蓝水（含铁而显蓝的翡翠），很淡又能感到有色的好种则称作“晴水”。

色：翡翠形成过程中，许多微量致色元素的加入，形成红、橙、黄、绿、青、蓝、紫、黑、白等色，以及各种色相相互错落在一块料上，故形成非常丰富的色彩。其中以绿色最为名贵，有三十六水绿、七十二豆绿、一百零八蓝的说法。无论哪种色，均以浓、阳、正、和为最佳。

工：玉不琢，不成器。设计到位、雕琢精到的玉器，才具观赏及收藏价值。一般手镯广东、云南都可制作，而挂件精品则出自广东揭阳阳美，雕件以广东四会最多，而用金、银、翡翠及钻石镶嵌的时尚挂件则以深圳最好。近几年，云南也有不少能干的工艺大师出现，作品在全国珠宝界崭露头角。

>一件种、水、色俱佳的翡翠佛手挂件

种、水、色、工的综合评价是决定一件作品价值的基本条件，但是由于翡翠在珠宝中的特殊地位和人们对其理解、喜欢和经济支撑能力的差异，近几年翡翠曾出现过疯狂的涨价潮。提醒消费者，要理性对待和选择，而商家也应回归到腾冲老玉商“好货富三家”的经营理念中来。

第三章 Chapter 3
彩宝市场常见的其他宝石

> Other Colored Gemstone

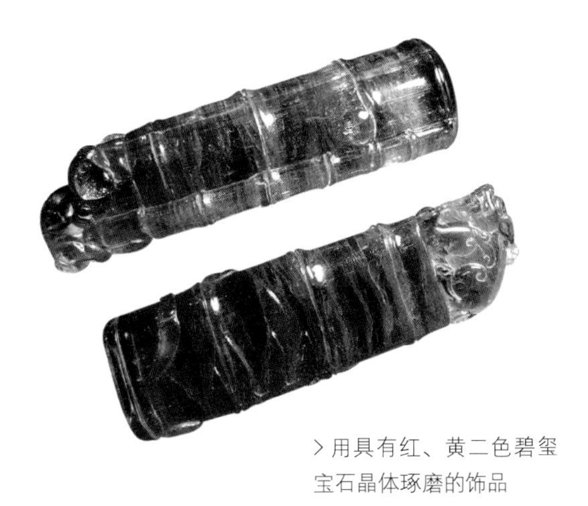

> 用具有红、黄二色碧玺宝石晶体琢磨的饰品

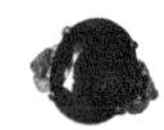

除五大名宝外，国内外彩宝市场常见的彩宝还有大约不到20种。2012年、2013年，笔者参观了美国图桑国际珠宝展、欧洲钻石及彩色宝石展、印度国际珠宝展、香港国际宝石和首饰展，据个人粗略统计，大约所参展商家的彩宝中，除钻石等名宝外，主要的彩宝为碧玺、托帕石、海蓝宝石、尖晶石、辉石类宝石、石榴石类、水晶类彩宝，以及众多的从外延意义上可以称作彩宝（实际本人认为是彩色石头）的孔雀石、青金石、绿松石，它们连同五大名宝几乎占了所有展品的百分之八十五，其他展品中，最常见的还有琥珀等有机“宝石”，再者就是很稀有的宝石了。

近几年，因为对彩宝需求量的大增，许多国家开始了对有用彩宝的寻找、开采，一些名不见经传的彩宝也相继面世，其中较有名的非洲坦桑尼亚的坦桑石（矿物名为黝帘石）、巴西和非洲产的葡萄石、俄罗斯产的紫龙晶宝石等等均在市场崭露头角。在云南，佤山锡宝、南红玛瑙也炒得火热。本章将向读者介绍这些彩宝的特征和市场走势。

碧玺

碧玺这种宝石是目前已经知道的宝石中名气最大、组成元素最多、颜色最多的宝石，在中国古文献中有吸灰石、碧（钲弘）、巴达克希、披及扎基、巴拉斯刺、碧霞玺、比西、碧玺等名称，其中巴拉斯刺后来证明不是碧玺，是一种叫尖晶石的宝石。

> 电气石——碧玺宝石晶体

小贴士 碧玺

成分	$(Na,K,Ca)(Al,Fe,Li,Mg,Mn)_3(Al,Cr,Fe,V)_6(BO_3)_3(Si_6O_{18})(OH,F)_4$
形态	三方晶系，浑圆三方柱状或复三方锥柱状晶体，晶面纵纹发育
解理	无
颜色	各种颜色，同一晶体内外或不同部位可呈双色或多色
摩氏硬度	7~8
比重	3.06
折射率及光性	1.624~1.644；双折射率：0.018~0.040　一轴晶负光性
光泽	玻璃光泽
发光性及吸收光谱	紫外荧光：一般无；粉红、红色碧玺：长、短波下呈弱红至紫色 吸收光谱：红、粉红碧玺：绿光区宽吸收带，有时可见 525nm 窄带，451nm、458nm 吸收线；蓝、绿碧玺：红区普遍惜售，498nm 强吸收带
包裹体	气液包体、不规则管状包体、平行线状包体
市场价	详见文

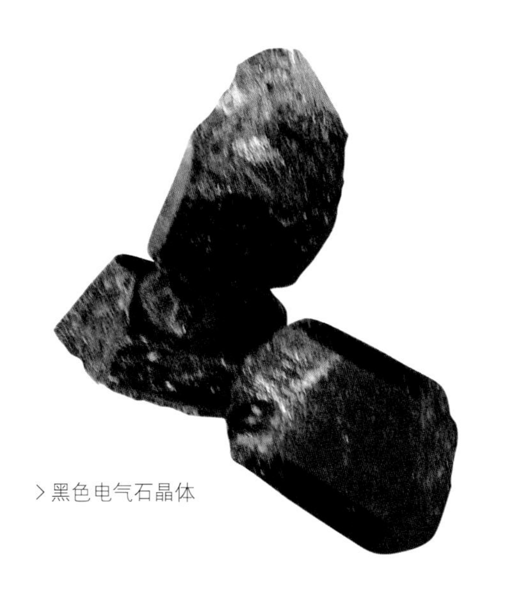

> 黑色电气石晶体

> 有内红外绿的西瓜碧玺

就颜色而言，除了如祖母绿般艳绿色及蓝宝石之深蓝外，几乎其他宝石有的色，碧玺均有。碧玺不但颜色多，而且碧玺的色还长得怪，在一根碧玺晶体上，有的时候可见由里到外的深蓝—淡蓝—浅粉红—红色的变化；有时晶体表面绿色，中间渐变为淡红到红色，形成如西瓜之色，故又叫西瓜碧玺。根据所含有的微量元素，碧玺主要分为 8 个品种：锂碧玺、镁碧玺、铁黑碧玺、钙锂碧玺、蓝碧玺、红宝石色碧玺、绿碧玺、无色碧玺，另外还有一种淡蓝绿色的名叫帕拉依巴的碧玺。

1703 年，荷兰人的商船来到如今的斯里兰卡，将这里盛产的各种彩宝带回欧洲，有一天，一个小孩在炎热的夏日阳光下玩弄家中买到的一根宝石，当他无意中将这根宝石与院子中烧过的草木灰接触时，草木灰竟神奇般地飞到宝石上，于是欧洲人就把这种宝石称作吸灰石。科学研究证明，当向碧玺晶体两端通入正负电时，中部即会发热；而

>具有桃红、淡绿两色的碧玺宝石挂件

>缅甸产单桃红碧玺手玩件

>18K 金加钻、加祖母绿镶嵌的红宝石色碧玺戒指

>蓝色碧玺戒面

当向晶体中部加热时，晶体两端就会产生正、负电荷，于是将这种宝石命名为电气石。

英文中碧玺的名字“tourmaline”来自僧伽罗语，就是鹅卵石的意思，这是因为当初碧玺首先在沉积矿砂中淘到。碧玺这种宝石的产地很多，斯里兰卡、加拿大、美国、巴西等国都产，中国的新疆阿勒泰、云南的滇西北所产的碧玺非常纯净，颜色以桃红色、薄荷绿色为主，非常漂亮。

> 新疆产各种颜色碧玺琢磨的戒面

> 双色逐渐变化的碧玺戒面

> 西瓜碧玺双晶雕件，是罕见的西瓜碧玺玩件

> 著名的“帕拉依巴”碧玺晶体

> 著名红宝石色碧玺，也称鲁宾碧玺

>18K 金加钻镶嵌的碧玺猫眼坠

市场走势

近年来碧玺市场一直看好，因为红宝石价位居高不下，人们开始追求颜色与红宝石相近的鲁宾色（即红宝石色 Rubellite）碧玺，一般裸石在 10 克拉以下者，每克拉约 500 元左右。大于 10 克拉的色好的红色、正蓝色、蓝绿色碧玺戒面，每克拉价高达 4 000 ~ 5 000 元。蓝色碧玺一般 500 元 1 克拉，干净、纯净度高的每克拉约 1 200 ~ 1 500 元。

> 巴西碧玺琢的珠串

>18K 金加钻镶嵌的双色碧玺坠

> 云南产碧玺琢磨的坠饰精品

秃头水晶——绿柱石类宝石

> 绿柱石晶体（浅绿色）

> 绿柱石晶体。左有锥体，右锥体缺失形成真正的六方柱

1980 年，笔者到云南元阳去采集矿山标本，一位当地村民告诉我，他在挖水晶卖给供销社时，挖到一些秃头的水晶，供销社不收购，问我要不要，待这位农民将它的秃头水晶拿来时，我一看，竟然是十多块绿柱石，按现在的宝石行话，是较好的海蓝宝石。时隔几年，又听说元阳与金平交界处发现大量海蓝宝石，笔者很是激动，当赶去一看，发现的居然是些名叫天河石的钾微斜长石。

上一章里讲到的祖母绿，是含铬元素的绿柱石。除此之外，绿柱石这类宝石中还有许多大家熟知的宝石：金色绿柱石（金绿柱石）、粉红色绿柱石（摩根石）、海蓝色绿柱石（海蓝宝石），都是绿柱石家族中的一员。

绿柱石是一种称作铍铝硅酸盐的矿物，因它的结晶体多呈六柱状出现，加之晶头不发育，常在人们挖掘水晶或在砂矿中被碰到，因此村民才会将它称为秃头水晶。绿柱石类宝石颜色很多：无色、浅绿色、淡蓝色、浅黄到金黄色，无论出现哪种色，均是很淡的色调。

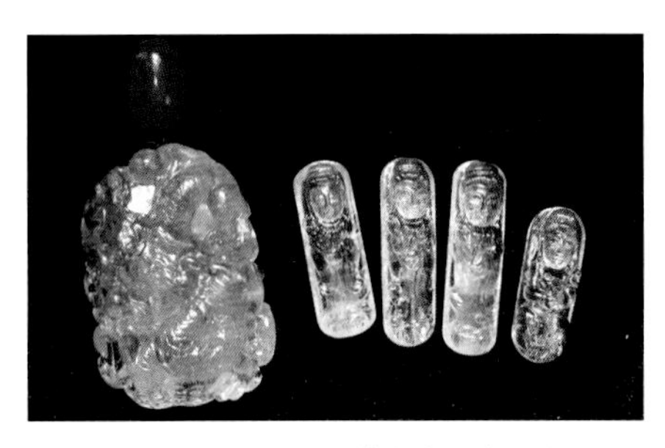

> 由海蓝宝石单晶体琢磨的龙坠、小观音

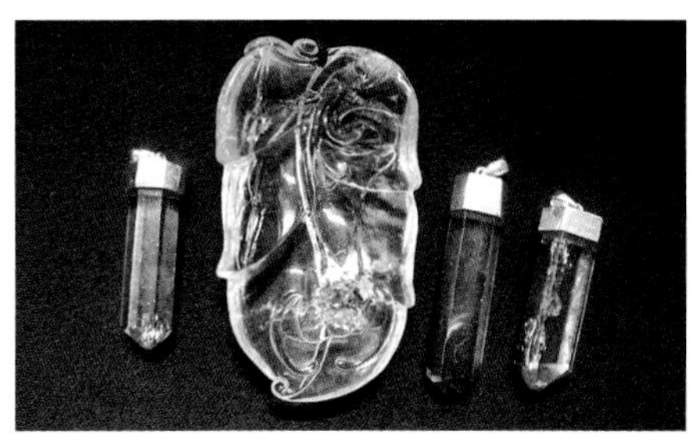

> 从左向右 1、3、4 由海蓝宝石单晶体直接做成的坠子，图中晶体锥体清澈，2 号是海蓝宝石琢的叶形坠

小贴士 绿柱石

成分	$Be_3Al_2Si_6O_{18}$ ；可含有 Fe、Mg、V、Cr、Ti、Li、Mn、K、Cs、Rb 等微量元素
形态	六方晶系，六方柱状，偶见六方板状，常见晶面纵纹
解理	一组不完全解理
颜色	无色、绿、黄、浅橙、粉、红、蓝、棕、黑，由 Fe 致蓝色称为海蓝宝石，黄色称为金绿柱石，粉红色称为摩根石
摩氏硬度	7.5~8
比重	2.2
折射率及光性	1.577~1.583；双折射率：0.005~0.009　一轴晶负光性
光泽	玻璃光泽，断口为玻璃光泽至松脂光泽
发光性及吸收光谱	紫外荧光：通常弱。无色：无至弱，黄或粉；黄、蓝、绿色：一般无；摩根石：无至弱，粉或紫 吸收光谱：通常无或弱的铁吸收。海蓝宝石：537nm 和 456nm 弱吸收线，427nm 强吸收线，依颜色变深而变强
包裹体	液体包体，气液两相包体，三相包体，平行管状包体，固体包体
市场价	详见文

绿柱石（beryl）来源于希腊语“beryllos”，这个词曾用于很多绿色的石头。

海蓝宝石（aquamarine）是海水的意思，在古代，人们认为刻有海神波塞冬的海蓝宝石护身符可以保护士兵。在科罗拉多州的落基山脉安特罗山 4250m 高度有北美最高的宝石矿。虽然这个地点因为出产海蓝宝石而出名，但因为它的高海拔，收藏爱好者一年里只有两到三个月的时间去收集。

> 由海蓝宝石单晶体琢磨的挂坠

> 金色绿柱石宝石双晶晶体

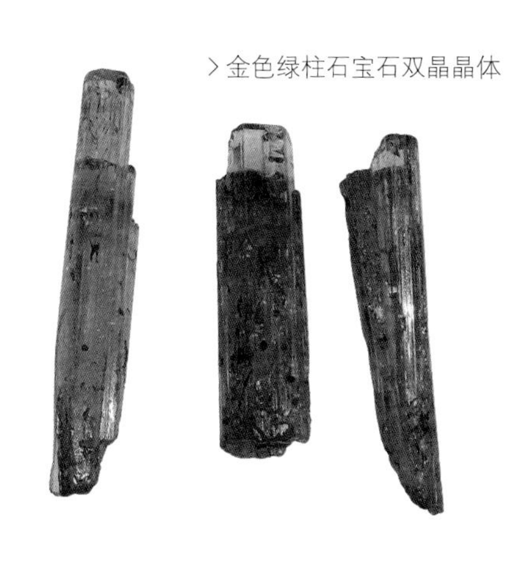

> 绿柱石晶体（海蓝色）

> 卡地亚海蓝宝石、铂金头冠

> 云南某地产海蓝色绿柱石类宝石晶体碎片

> 海蓝宝石琢磨成的戒面

摩根石是一种由锰或铯元素致色而呈现丁香红、粉红、橘红的宝石。其名称（Morganite）来自一个美国银行家和宝石爱好者 J.Pierpont Morgan。这种宝石的晶体很像碧玺宝石晶体，一根晶体上有几种颜色，底部蓝色，近中部几乎无色，而尖端又出现粉红色，而且晶体很大，有的竟然达 25kg。近年来珠宝界通过加热法来使红色加深，但是加热宝石的价值远远低于自然产出的同等色级的宝石。

金绿柱石（Heliodor）的名字来源于希腊语太阳“helios”。晶体通常都是完好的六方柱状。最好的来自俄罗斯乌拉尔山。

无色绿柱石（Goshenite）名字来源于发源地马萨诸塞州戈申（Goshen）。这是最不常见的绿柱石宝石品种，由于没有美丽的颜色，曾用来制作眼镜片。

绝大多数绿柱石类宝石均产于云母片岩或片麻岩中，也有产于花岗岩中的伟晶岩脉中，有的晶体会长很长。在美国科罗拉多州发现过一个长 5.8m、直径 1.5m 的大晶体；在巴西发现的一个绿柱石晶体有 220kg 重，后来还发现一个重达 110kg 透明的海蓝宝石晶体。巴西是一个盛产宝石的王国。

近几年来，在老挝、越南相继发现金黄色的绿柱石宝石。在云南珠宝市场上常见到有金绿柱石的柱状单晶和制成品出售，原料每克几十元到一百元不等，而制成的宝石视品质可由 200 元每克拉到 400 元每克拉不等。

市场走势

海蓝宝石中的色艳者和金色的绿柱石宝石目前与其他同级别的宝石相比，还处在较低价位，因此，很有市场潜力。投资者购买时需要注意，仅从颜色上来看，无色海蓝宝石容易与无色水晶成品相混，金色绿柱石宝石容易与黄水晶戒面宝石相混，二者区别于后者折光率不如绿柱石宝石的强。

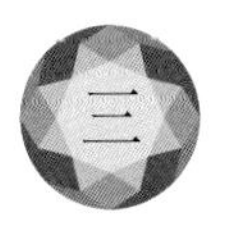

水晶类宝石

在很多人的印象中，水晶这种东西到处都是，不应该算在宝石行列中，其实，不论从结晶性能、硬度、光学效应、装饰效果来看，水晶真是名副其实的宝石。

二氧化硅这个地球上到处能见的物质，可以算是百变神通。当它在不同环境结晶时，可形成几吨重或者几克拉重的单晶、晶族；当它呈胶体矿物冷凝后，形成如白色、浅粉红色、淡蓝色的极温润的玉髓类矿物；而当它在玄武岩的气孔中，经成年累月的一层一层堆积则形成花纹变化万千的玛瑙。

中国人认识水晶不少于八千年，从旧石器时代就有用水晶残片打制的石器，当人们利用较先进的设备对各种宝石进行加工时，首当其冲的便是利用容易得到的水晶、玛瑙或玉髓加工成饰品。云南战国时期出土的文物中，就有石英、玛瑙制作的工艺品。

水晶的英语 Quartz 来源于德语“Quarz”，就是石英晶体的意思。古代无论是东方还是西方，都认为水晶是由千年不化的冰块所形成。《山海经》中称其为“水玉”，即似水之玉的意思。宋朝时期《行营杂录》记录了一个故事，人们在欣赏一个极为晶莹剔透的杯子，但大家都不知道是用什么材料做成的，一位中书舍人刘贡父看见说：“你们怎么这都不知道，这是千年的老冰啊！”可见直到宋代，人们还将水晶误认为是多年的老冰块，是冰的化石。

古罗马博学家普林尼在其所著《博物志》中描述说，水晶就是不会化的冰，采自阿尔卑斯山脉上的冰川中。所以晶体的英文单词 Crystal 就是来自希腊语“κρύσταλλος”（冰），古罗马

> 由最大纯净的全透明水晶琢成的宝石，重 21299 克拉

小贴士 水晶

成分	SiO_2；可含有 Ti、Fe、Al 等元素
形态	三方晶系，六方柱状晶体，柱面横纹发育
解理	无
颜色	无色，浅到深的紫色，浅黄、中到深黄色，浅至深褐、棕色，绿至黄绿色，浅至中粉红 紫晶：浅至深的紫色 黄晶：浅黄、中至深黄色 烟晶：浅至深褐、棕色 绿水晶：绿至黄绿色 芙蓉石：浅至中粉红，色调较浅 发晶：无色、浅黄、浅褐等，可因含金红石常呈金黄、褐红等色；含电气石常呈灰黑色；含阳起石而呈灰绿色
摩氏硬度	7
比重	2.66
折射率及光性	1.544~1.553；双折射率：0.009 一轴晶正光性
光泽	玻璃光泽
发光性及吸收光谱	均不特征
包裹体	气液包体，固体包体，负晶
市场价	详见文

上层社会流行使用大块的水晶晶体制作球体，用于在夏天给女性的双手降温。

水晶的发现和利用时间久远，伴随它的神话传说也非常多。例如亚特兰蒂斯的 13 个水晶骷髅，还有流行于欧洲中世纪的水晶球占卜等，无一不反映出人们对这样一种透明无瑕的神奇宝石的珍爱。

水晶最像中国人，热情而大度，当它生长时允许不同矿物与它一起生长，于是水晶中便出现了迷离神奇的包裹体：黑色的电气石如马鬃一样长在水晶晶

> 卡地亚温莎公爵夫人紫水晶绿松石项链

体中形成黑发晶；金红石晶体呈各种形状长在水晶中形成闪耀着金色丝状包裹的金发晶；更有那些绿泥石、褐铁矿等矿物长在水晶晶体里，形成了珠宝界称之为绿幽灵、红兔毛、草莓水晶等天工造化的水晶品种。

纯净的水晶是人们形容人的心灵标志，若有Fe、Al、Mn、Ti等元素加入，便出现茶色、黑色、金黄、紫色、粉色水晶，真是千变万化，五彩缤纷。仅仅水晶就可以写一本厚厚的书了，在此仅简单介绍。

紫水晶的英文Amethyst来源于古希腊词“Amethustos”，这个词的意思是不会醉的，因为人们坚信与葡萄一样颜色的紫水晶能让佩戴者千杯不醉。紫水晶也带有纯洁和虔诚的意味，同时紫色是一种富贵的颜色，一直受到欧洲皇室的喜爱。

黄水晶的名字Citrine来自于古法语单词“citrin”（柠檬），因具有柠檬的黄色而得名。

紫黄晶也被称为玻利维亚石，传说一位西班牙殖民者娶了当地一个叫Ayoreos的部落的公主，作为嫁妆获得了玻利维亚的一个矿，在这个矿中发现了紫黄晶，这位西班牙殖民者就将最好的一粒送给了西班牙女王。

> 卡地亚黄金紫水晶玳瑁发簪

芙蓉水晶是一种粉色的水晶，也许是因为它温柔的粉色，人们总将它和爱情联系在一起。

茶色水晶曾经使用广泛，公元前3100年苏美尔人和埃及人就开始使用烟晶，用它来制作印章，而现代人用它来制作偏光眼镜。

> 卡地亚烟水晶钟

水晶的产地极多，巴西和我国东海都是有名的产地，由于产量大，且近年来人造水晶大量面世，比天然水晶更漂亮、更纯净，其市场价就偏低，但是追求自然美的消费者，仍然还是喜欢有一定缺陷的天然水晶制品。

市场走势

目前我国水晶制品供求比较平衡，水晶制品有固定的消费群体。但是随着产量和消费群体的增加，水晶市场前景仍然看好。

四 坦桑石

随着全球对有色宝石需求的增加，许多国家都加快了对彩宝资源的找矿工作。

1960 年，地质工作者在坦桑尼亚寻找彩宝资源时，发现了一种蓝色的斜方柱状的晶体，这种闪着淡淡的紫色而主调是蓝色的晶体琢磨成的宝石很漂亮，有人甚至将其当做蓝宝石出售。但珠宝界一直不承认它是真正的宝石，有人甚至怀疑是人造宝石。

1967 年，为了弄清这种宝石的真正面目，美国蒂芙尼（Tiffany）公司经多方研究，得知它是黝帘石的结晶，由于出产在坦桑尼亚而被称为坦桑石。在蒂芙尼的推动下，坦桑石一下身价十倍，许多买不起蓝宝石的人也争相购买这种色美而价低于蓝宝石的宝石。

> 坦桑石（黝帘石）结晶体，晶体硕大，晶形完整

> 琢磨成三角形的坦桑石宝石

> 琢磨出的坦桑石宝石

小贴士 坦桑石

成分	$Ca_2Al_3(Si_2O_7)(SiO_4)O(OH)$；可含有V、Cr、Mn等元素
形态	斜方晶系，呈柱状或板柱状晶体
解理	一组完全解理
颜色	蓝、紫蓝至蓝紫色，少数呈褐色、黄绿色、粉色
摩氏硬度	6 ~ 6.5
比重	3.35
折射率及光性	1.691 ~ 1.700；双折射率：0.008~0.013　二轴晶正光性
光泽	玻璃光泽
发光性及吸收光谱	紫外荧光：无 吸收光谱：蓝色：595nm，528nm；黄色：455nm 吸收线
包裹体	气液包体，阳起石、石墨和十字石等矿物包体
市场价	详见文

>坦桑石宝石琢成的珠串

>琢磨成各种形状的坦桑石宝石，清澈透亮，优雅可亲地闪着淡紫调的蓝色，使其近年在全球风靡

市场走势

坦桑石在近几年进入中国珠宝界，原来10克拉以下的坦桑石每克拉仅200元到300元，最近市场价近300元1克拉，而大克拉的坦桑石甚至卖到每克拉4 000元。

其实除了我们见到的蓝紫色的坦桑石宝石外，坦桑石宝石还有灰色、淡绿色、褐色、淡黄色、石竹红色，只是这些品种不如青莲色的受人喜欢而已。坦桑石晶体有较大的，可磨出大于100克拉的宝石，且已发现有猫眼坦桑石，磨出的素面宝石可达10 ~ 20克拉。

 托帕石

托帕石的英语 Topaz 可能来源于一个曾被称为 Topaziios、现在称为捷比给特（Zebirget）的埃及红海边的小岛，也有可能是来自于梵语中代表火的“Tapaz”。

托帕石这个名字是英语直译名称（Topaz），中国古称酒黄宝石，日本人则称黄玉。这种宝石常与水晶、海蓝宝石共生在一起。几乎大多数托帕石均为无色透明的柱状晶体，磨成的成品极容易与水晶琢磨的棱面宝石相混，故不被一般消费者注意。托帕石宝石晶体几乎都有一组垂直 Z 轴的完全解理面，采挖时稍不小心即从此处断开，因此常见到的晶体，底部都呈菱形的平面，呈菱形的柱状晶体。晶面有尖条纹，菱形底面和比重大是这种宝石的特征。磨成的宝石多淡酒黄色或者无色，其黄色在太阳光照之后，久而久之则会褪色。

> 托帕石晶体，底面垂直 Z 轴，已经断裂而成一菱形切面

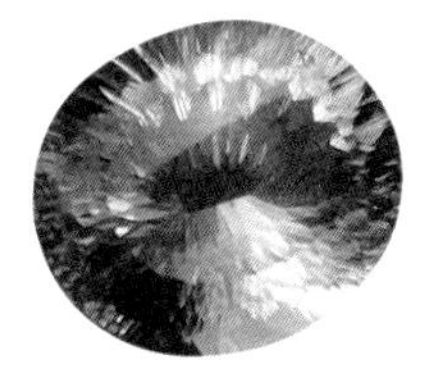

> 无色、浅黄色托帕石琢磨的戒面

小贴士 托帕石

成分	$Al_2SiO_4(F,OH)_2$；可含有 Li、Be、Ga 等微量元素，粉红色可含 Cr
形态	斜方晶系，柱状，柱面常有纵纹
解理	一组完全解理
颜色	无色、淡蓝、蓝、黄、粉、粉红、褐红、绿
摩氏硬度	8
比重	3.53
折射率及光性	1.619 ~ 1.627；双折射率：0.008 ~ 0.010 二轴晶正光性
光泽	玻璃光泽
发光性及吸收光谱	紫外荧光：长波：无至中，橙黄、黄、绿；短波：无至弱，橙黄、黄、绿白 吸收光谱：不特征
包裹体	气液两相包体，气液固三相包体，矿物包体，负晶
市场价	详见文

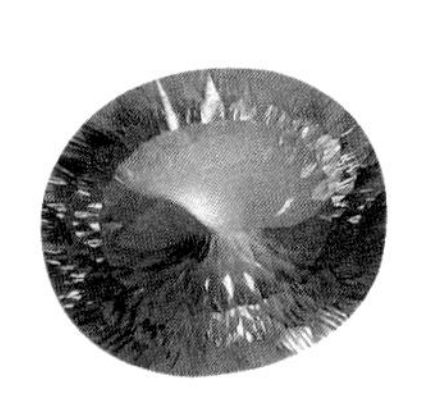

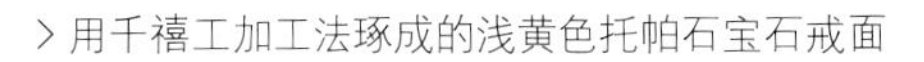

> 用千禧工加工法琢成的浅黄色托帕石宝石戒面

> 含有金红石包裹体的托帕石晶体因稀少而极珍贵

> 改色后的托帕石

> 用辐射法改色的托帕石晶体

托帕石经辐射和热处理作用可改变成非常美丽的蓝色，效果稳定，无放射性，用来制作成戒面、挂坠很好看，加之近几年有一种名叫“千禧工”的槽状琢磨工艺出现，用这种工琢磨的托帕石光彩四射，美丽诱人。

托帕石产地很多，俄罗斯、中国、斯里兰卡、缅甸等均产。

> 用改色托帕石制作的小项坠

> 斯里兰卡产淡蓝色托帕石

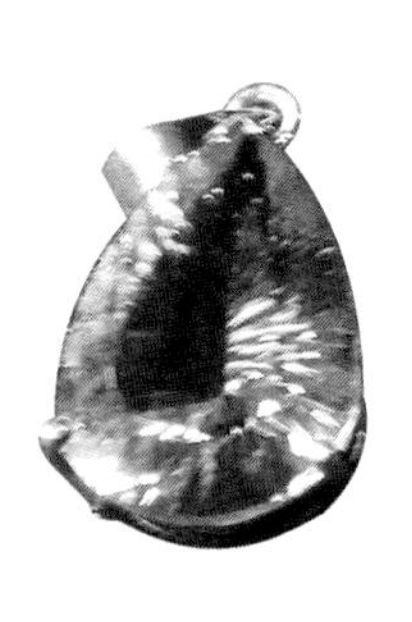

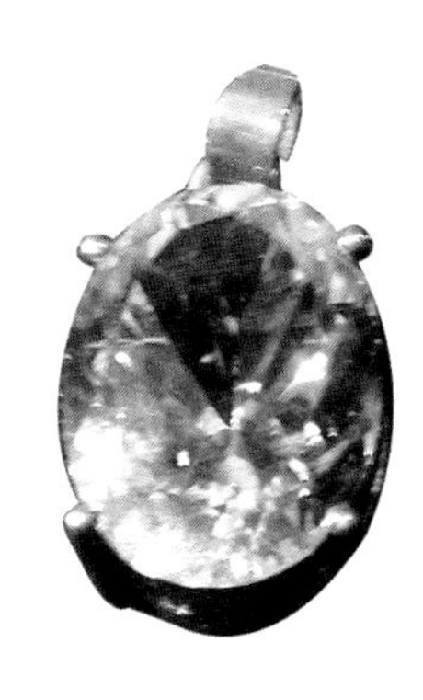

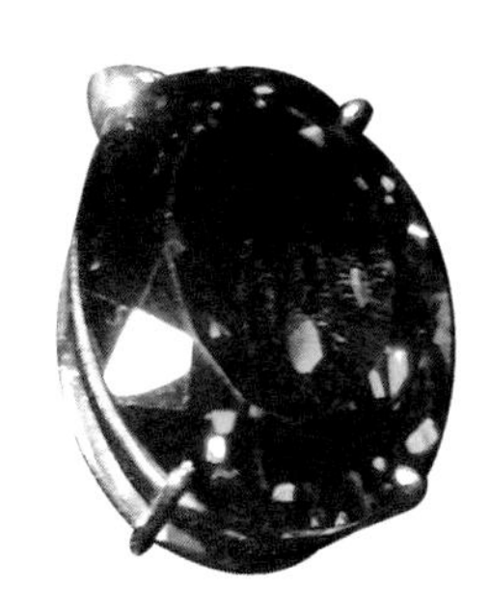

> 黄托帕石、白托帕石、改色蓝托帕石制作的项坠

> 千禧切工而成的托帕石戒面，光芒四射，美不胜收

市场走势

托帕石未改色者琢磨的宝石成品目前仍处低价位，每克拉仅 200 ~ 300 元，改色后，虽然也只能售到 300 元左右 1 克拉，但是随着市场需求扩大，这种宝石有较大的升值潜力。笔者在去欧美考察时发现，许多国家将其制作成不同款式首饰与高档名牌服装搭配销售，效果极佳。

尖晶石

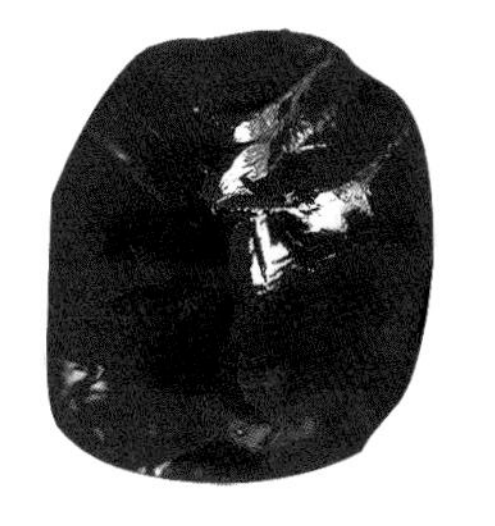

> 尖晶石原石

> 尖晶石小项坠

云南人把除钻石、红蓝宝石以外的宝石称为软宝。一是硬度不如上述宝石，二是为与正宗的名宝区分开来。尖晶石就是名副其实的软宝，虽然叫软宝，其实它的硬度只比红、蓝宝石低 1 度。

很多年前老一辈云南人到缅甸淘宝，在抹谷一带的河边淘洗宝石，当他们将泥沙淘尽，发现砂盘中有许多三角八面体的红、绿、褐色的小石头时很是惊奇，以为是人工磨出来的，后来才知道这些宝石叫尖晶石，于是将一个尖角磨去便成了一粒漂亮的宝石，直到现在居住在抹谷一带的缅甸人或者中国人的后代，仍然会用这种方法磨制这种宝石。

> 尖晶石琢磨的宝石

小贴士 尖晶石

成分	$MgAl_2O_4$；可含有 Cr、Fe、Zn、Mn 等元素
形态	等轴晶系，八面体晶形，有时与菱形十二面体成聚形
解理	不完全
颜色	红、橙红、粉红、紫红、无色、黄、橙黄、褐、蓝、绿、紫
摩氏硬度	8
比重	3.60
折射率及光性	1.718
光泽	玻璃光泽至亚金刚光泽
发光性及吸收光谱	紫外荧光：红、橙、粉色：长波：弱至强，红、橙红；短波：无至弱，红、橙红。绿色：长波：无至中，橙至橙红。其他颜色：一般无 吸收光谱：红色：685nm，684nm 强吸收线，656nm 弱吸收带，595 ~ 490nm 强吸收带。蓝色、紫色：460nm 强吸收带、430 ~ 435nm、480nm、550nm、565 ~ 575nm、590nm、625nm 吸收带
包裹体	固体包体，细小八面体负晶，可单个或呈指纹状分布，双晶纹
市场价	详见文

> 各种颜色的尖晶石宝石

> 各色尖晶石镶坠

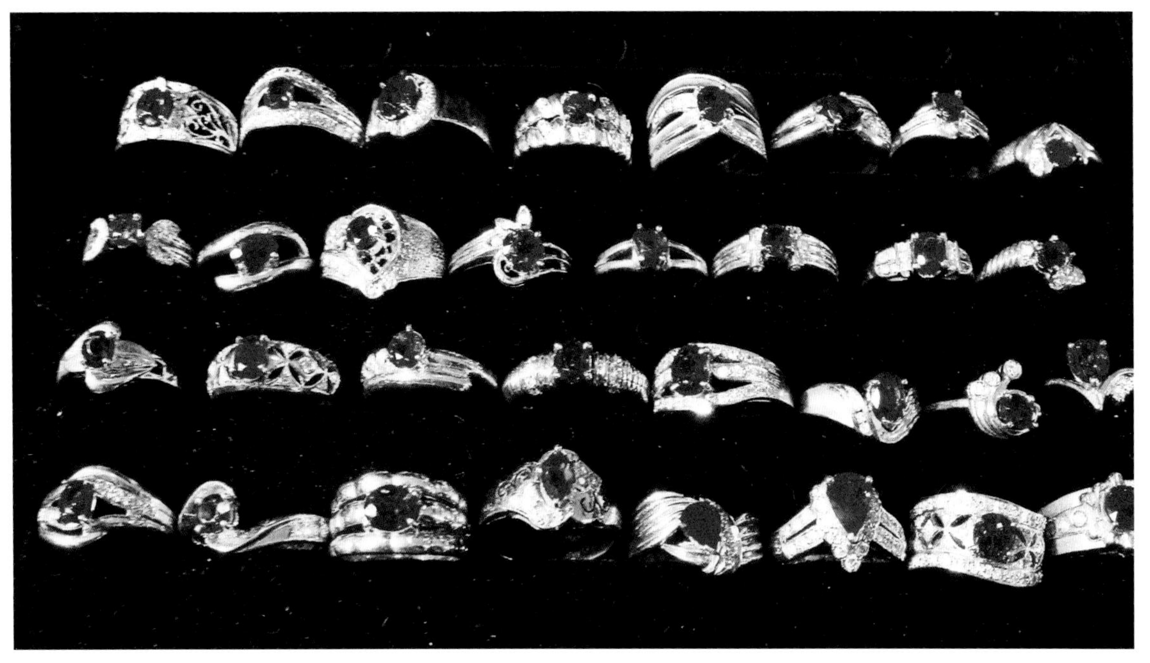

> 当红宝石与尖晶石宝石制成的戒指放在一起时，很难分辨清楚。图中只有右下角前右 1、2、3、4 为红宝石，其余均为尖晶石宝石

尖晶石的英语 Spinel 来源于拉丁语“spinella”，是有点尖刺“little thorn”的意思，就是因为尖晶石的晶体是八面体形的，总带有尖锐的角。最早已知的尖晶石宝石是公元前 100 年在阿富汗喀布尔的佛教徒墓中发现的，同时期罗马人也已开始使用红色尖晶石。

尖晶石本身并不稀奇，但是由于这种宝石中红色的、粉红的、蓝色的晶体磨成刻面宝石后，若仅仅从外表看，与刚玉类的红宝石、蓝宝石、粉红色蓝宝石几乎一样，古代检测技术不高，许多人购买的刚玉宝石就是尖晶石，这种故事居然发生在英国皇室，镶嵌在皇冠上的一块“黑王子红宝石”后来证实是一块尖晶石。

> 尖晶石原石晶体

> 尖晶石宝石其中就有磨去一个角形成的九个面的“原始宝”

市场走势

在10年前1克拉重的红色、淡蓝色尖晶石约100元，而近年来约2 000元，因为红、蓝宝石价不断升高，尖晶石价格也随着上升，这种能与红、蓝宝石媲美的宝石也同时是收藏家爱好的藏品。购买尖晶石宝石以大红、浅蓝色为最佳选择，黑色、褐黄色、无色尖晶石类宝石价最低，收藏价值不是很大。

 石榴石类宝石

石榴石或叫石榴子石、紫牙乌，都是石榴石这类宝石的名字。

石榴石是目前世界上所发现的宝石中，种类最多、颜色最丰富、应用较早、较广的一种宝石。人们最早在淘洗砂矿时发现这种宝石的碎片时，常将它认为是发黑的红宝石，有了诸如“Cape Rubies”“Australian rubies”“Arizona rubies”等名字。

> 菱形十二面体石榴石晶体

石榴石的英文名称为 Garnet，由拉丁文“Granatum”演变而来，意思是“像种子一样”。人们在原生矿中发现各种颜色、各种大小颗粒不一样但同样是四角三八面体和菱形十二面体的圆粒状，宛如石榴的籽一样，于是将其称为石榴石。

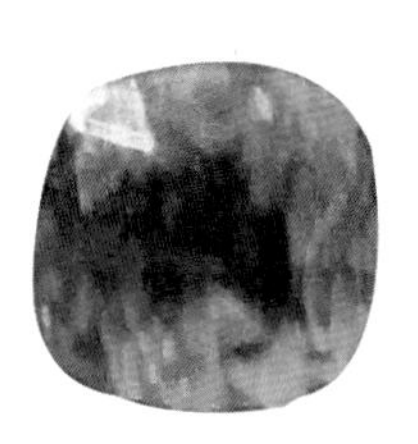

> 钙铝榴石宝石

> 镁铝榴石宝石

> 铁铝榴石琢成的摆件

小贴士 石榴石

成分	铝质系列：$Mg_3Al_2(SiO_4)_3$ － $Fe_3Al_2(SiO_4)_3$ － $Mn_3Al_2(SiO_4)_3$ 钙质系列：$Ca_3Al_2(SiO_4)_3$ － $Ca_3Fe_2(SiO_4)_3$ － $Ca_3Cr_2(SiO_4)_3$
形态	等轴晶系，菱形十二面体、四角三八面体、菱形十二面体与四角三八面体的聚形
解理	无
颜色	除蓝色之外的各种颜色 镁铝榴石：中至深橙红色、红色 铁铝榴石：橙红至红、紫红至红紫，色调较暗 锰铝榴石：橙色至橙红 钙铝榴石：浅至深绿、浅至深黄、橙红，无色（少见） 钙铁榴石、翠榴石：黄、绿、褐黑
摩氏硬度	7 ~ 8
比重	镁铝榴石：3.78　铁铝榴石：4.05 锰铝榴石：4.12 ~ 4.20　钙铝榴石：3.57 ~ 3.73 钙铁榴石：3.81 ~ 3.87
折射率及光性	镁铝榴石：1.714 ~ 1.742　铁铝榴石：1.760 ~ 1.820，常见 1.79 锰铝榴石：1.790 ~ 1.814　钙铝榴石：1.730 ~ 1.760 钙铁榴石：1.855 ~ 1.895
光泽	镁铝榴石：玻璃光泽　铁铝榴石：玻璃光泽 锰铝榴石：亚金刚光泽　钙铝榴石：亚金刚光泽 钙铁榴石：亚金刚光泽

发光性及吸收光谱	由于普遍含铁，均无紫外发光 吸收光谱： 镁铝榴石：564nm 宽吸收带，505nm 吸收线，含铁的镁铝榴石可有 445nm、440nm 吸收线；优质镁铝榴石可有 Cr 吸收，685nm、687nm 吸收线及 670nm、650nm 吸收带 铁铝榴石：573nm 强吸收带，504m、520nm 两条较窄的强吸收带，称为“铁窗”，还可在 423nm、460nm、610nm、680 ~ 690nm 有一些弱的吸收带 锰铝榴石：主要有 430nm、420nm 和 410nm 三条吸收线和 460nm、480nm、520nm 三条吸收带，有时可有 504nm、573nm 吸收线 铁铝榴石：不特征，若含有铁铝榴石成分时，可见 407nm、430nm 两条吸收带 钙铁榴石：翠榴石：634nm、618nm 处有两条清晰的吸收线，690nm、685nm 处弱吸收线，440nm 处可见吸收带或 440nm 以下全吸收
包裹体	镁铝榴石：针状矿物，其他形状的结晶矿物包体；石英晶体，普通辉石、八面体矿物包体等，一些可见裂隙 铁铝榴石：针状包体，结晶矿物包体；针状包体通常呈三个方向定向排列，以 110°、70° 相交；锆石晕、磷灰石等 锰铝榴石：波浪状、浑圆状、不规则状晶体或液态包体，可有平行排列的针状包体 铁铝榴石：短柱状或浑圆状晶体包体、热浪效应 钙铁榴石：与其他基本相同，翠榴石可见纤维状石棉产生的马尾状包体
市场价	详见文

> 石榴石、水晶、长石共生在伟晶岩中

> 一月生纪念石——石榴石

> 石榴石晶体

> 石榴石宝石目前市场价每粒 100 ~ 300 元

石榴石有铝质系列和钙质系列，两个系列又各包括镁、铁、锰等系列，可见形形色色的大小不一的单晶和聚晶出现。最常见的是颜色呈暗红的铁铝榴石；钙铁榴石呈翠绿色，商界称翠榴石；镁铝榴石呈较鲜的红色，与翠榴石一道是石榴石中的上等宝石，而有一种含铬元素的钙铬榴石，因颗粒甚小，只有矿物学意义。

沙弗莱石是近年来开始流行的一种绿色的石榴石，它是含有微量铬和钒元素的钙铝榴石，娇艳翠绿，赏心悦目。同坦桑石一样也是由美国蒂芙尼公司推广的宝石品种，由地质学家坎贝尔·布里奇斯于20世纪60年代在肯尼亚沙弗国家公园发现。沙弗莱石的绿色相比祖母绿要更为翠嫩一些，显得更为年轻有活力而受到年轻一代的喜爱。

锰铝榴石也是近几年才开始流行的一种宝石。颜色变化从黄色到橘黄色、橘红色，也有橘黄褐色和带红褐色。其高硬度和强光泽以及红糖一般的颜色为人们所喜爱。

> 石榴石晶体及制作成的珠子

> 铬钒钙铝榴石，沙弗莱石

市场走势

石榴石中的铁铝榴石因色暗，常用来制作珠子和雕件出售，一串珠子以 13 粒计算，目前市场价 50 ~ 80 元左右。而翠榴石的价格目前则每克拉 600 ~ 800 元。但是市场不常见，许多消费者不熟悉。以目前市场需求来看，还有一点空间。

八 辉石类宝石

许多读者对辉石这种宝石不太熟悉，其实辉石类家族的名声是很显赫的，大名鼎鼎的翡翠家族中的钠铝辉石、钠铬辉石、绿辉石，都属于辉石类。由于含钙、镁、铁、锂等导致结构稍有差异，形成一个极大的辉石家族：有透辉石、顽火辉石、普通辉石、锂辉石等。形成的晶体大多为柱状和板状，当它们长成单个的够大的晶体时，即可用来琢磨成宝石。

辉石家族中常用来琢磨宝石的是一种含有铬元素，颜色深绿到翠绿的透辉石，其绿色由翠绿到深绿变化反映出辉石中除铬元素外，铁元素含量的增加，一般均称为铬透辉石。铬透辉石宝石的绿色不偏蓝，有的偏深，颜色也比祖母绿的鲜亮，绿中偏蓝色调要差，硬度也相对低些。

> 锂辉石晶体

另一种常见的辉石类宝石是浅粉红色到紫色的锂辉石，制作的宝石多用来做吊坠。一般透度较差或者含有杂质的则多用来磨成珠子。值得指出的是，产于河南南阳的独山玉中，很多成分是顽火辉石，这种呈褐绿色、黄绿色的矿物在翡翠未进入中国前的很长一段时间，也作为翠料开采使用。

>18K 白金加钻镶嵌的锂辉石宝石

小贴士 辉石

成分	透辉石：$CaMgSi_2O_6$；可含有 Cr、Fe、V、Mn 等元素 顽火辉石：$(Mg,Fe)_2Si_2O_6$；可含有 Ca、Al 等元素 普通辉石：$(Ca,Mg,Fe)_2(Si,Al)_2O_6$ 锂辉石：$LiAlSi_2O_6$；可含有 Fe、Mn、Ti、Ga、Cr、V、Co、Ni、Cu、Sn 等元素
形态	透辉石、普通辉石和锂辉石为单斜晶系，顽火辉石为斜方晶系。常见柱状晶体，也可呈片状、放射状、纤维状集合体，普通辉石可见板状晶体
解理	两组完全解理
颜色	透辉石：常见蓝绿色至黄绿色、褐色、黑色、紫色、无色至白色。由 Cr 致绿色的称为铬透辉石 顽火辉石：红褐色、褐绿色、黄绿色、无色（稀少） 普通辉石：灰褐、褐、紫褐、绿黑色 锂辉石：粉红色至蓝紫红色、绿色、黄色、无色、蓝色，通常色调较浅
摩氏硬度	5 ~ 6；锂辉石 6.5 ~ 7
比重	透辉石：3.29；顽火辉石：3.25；普通辉石：3.23 ~ 3.52；锂辉石：3.18
折射率及光性	二轴晶正光性 透辉石：1.675 ~ 1.701；双折射率：0.024 ~ 0.030 顽火辉石：1.663 ~ 1.673；双折射率：0.008 ~ 0.011 普通辉石：1.670 ~ 1.772；双折射率：0.018 ~ 0.033 锂辉石：1.660 ~ 1.676；双折射率 0.014 ~ 0.016
光泽	玻璃光泽

> 用锂辉石琢成的珠串

发光性及吸收光谱	紫外荧光：通常无 绿色透辉石：长波：绿色；短波：无 锂辉石：粉红色至蓝紫红色：长波：中至强，粉红色或橙色；短波：弱至中，粉红色至橙色 黄绿色：长波：弱橙黄色；短波：极弱，橙黄色 吸收光谱：透辉石：505nm 吸收线；铬透辉石：635nm、655nm、670nm 吸收线，690nm 双吸收线 顽火辉石：505nm、550nm 吸收线 锂辉石：黄绿色：433nm、438nm 吸收线；绿色：646nm、669nm、686nm 吸收线，620nm 附近宽带
包裹体	气液包体，纤维状包体，矿物包体，解理
市场价	详见文

市场走势

含铬透辉石的宝石原料不多，但是随着祖母绿宝石价格不断上涨，购买铬透辉石的消费者也不断增多。颜色鲜绿的铬透辉石目前每克拉 200 元，但是多数铬透辉石中均含铁，颜色稍暗，每克拉价约 100 元，很有增值潜力。大粒铬透辉石宝石很难见到，可注意收集和购买。

带粉紫色的锂辉石因原生的宝石琢成的成品被日晒久后有褪色现象，故价位不高。近年来已经发明固色技术，使琢成的锂辉石宝石能保持美丽的粉紫色，加之折光率也不低，制作的宝石开始行销市场，目前每克拉约 400 元，也有较大升值潜力。

> 铬透辉石琢磨的宝石

九 锡石宝石

在一次珠宝界同仁聚会的晚宴上，一位老先生手上佩戴的一枚戒指特别引人注目。在不太明亮的灯光照射下，随着老者手的挥动，戒指上的宝石折射出强烈的浅黄、深黄、淡红色的光彩。许多从事多年珠宝研究和商贸的人士看着这粒宝石，谁也说不出是什么宝石。

当老先生将戒指从手上脱下来，众人一一过目观看后，心中不断揣摩：钻石？托帕石？黄水晶？碧玺？尖晶石……然而他们将上述的宝石与这粒闪耀着强烈半金刚光泽、比重又比较大的宝石的各种特征进行对比后，却都否定了自己的猜测。这到底是一粒什么宝石呢？

在众人迫不及待的追问下，老先生说出了让在场所有人大吃一惊的四个字：“佤山锡宝”。

> 云南马关产锡石晶体，不透明，当地称木锡石

> 锡宝刻面宝石

佤山锡宝是什么宝石呢？它就是矿物中较稀少的锡石晶体琢磨出来的宝石。锡石本身并不少见，但几乎所有锡石都以脉状矿带赋存，晶体很小且都含铁量高，呈黑色不透明。

这是一种从未公布的宝石，它的稀奇在于有着“世界锡都”之称的滇南个旧开采、找寻了上百年也没有发现，却在滇西的临沧佤山发现了这样的锡矿晶体。

许多年前，云南地质工作者在云南临沧西盟做地质调查时，在云南佤族的帮助下，找到了佤山锡矿。在开采过程中，偶然会发现有些稍大一点的锡石结晶体。当时，正值改革开放初期，地质工作者的商业意识不强，专门从

小贴士 锡石

成分	SnO_2；可含有 Fe、Nb、Ta 等元素
形态	四方晶系，四方锥状、膝状双晶
解理	两组不完全解理
颜色	暗褐至黑色、黄褐、黄、无色
摩氏硬度	6 ~ 7
比重	6.95
折射率及光性	1.997 ~ 2.093；双折射率：0.096 ~ 0.098　一轴晶正光性
光泽	亚金刚光泽至金刚光泽
发光性及吸收光谱	不特征
市场价	详见文
备注	色散强（0.071），常见色带，强的双折射

> 锡石琢磨成的饰品

事珠宝研究的人员也不多。所以，云南省地质博物馆在区调队得到一部分佤山锡石晶体，也仅仅作为一种珍贵的标本用来陈列或者当成与省外、国外同行交换的标本或者赠品。

更稀奇的是在这种晶体的发现地——佤山，科考人员在原发现之处顺矿脉带苦苦寻觅了15年，再也没有发现过这种神秘的锡矿晶体，是大自然给人类开出的一个巨大的玩笑，还是在暗示什么呢？我们不得而知。

说起锡矿，云南人都知道。云南被称为有色金属之乡，其中个旧的锡矿、东川的铜矿曾几何时是享誉世界的大矿。而由于地质条件的不同，偌大的一个开采了一两百年的锡矿，虽然还源源不断地发现新的原生矿，但是却找不到较完整的、可以琢磨成宝石的锡石晶体，这也是一些锡老板多年的遗憾。

锡石宝石在地质条件上有更特殊的要求。因此，它能够成为宝石中最稀少的宝石。毫不夸张地讲，许多专门从事珠宝研究的专家和经营者，穷其一生也没有见过琢磨出来的大粒锡石宝石，其珍贵可想而知。

锡石宝石和极少的如闪锌矿、榍石晶体一样，除有符合制作宝石的特征之外，它独有仅次于钻石的折光率（也称金刚光泽，折光率2.417）的一种半金刚光泽（折光率一般达1.997 ~ 2.093）。这种能琢磨成戴在人们手上、脖子上且光彩不亚于钻石的宝石，不但许多研究了一辈子的珠宝专家没有见过，现在的珠宝书籍也没有记载，就连一些见多识广的珠宝雕刻大师也是闻所未闻，见所未见。罕见以及其高硬度导致的难以琢磨使得世人更是难得一见其庐山真面目。

锡石晶体是一种呈柱状、柱两端为锥状的四方晶系结晶体。单独存在的完整晶体很少，多呈聚晶或膝状双晶体存在。通常暗褐色、浅黄色，极少数呈无色透明，具金刚光泽至半金刚光泽。

在矿山采集到锡石晶体后，为了使晶体保存

完好，采集者多用装着木屑的木箱将包裹好的晶体放入箱内，用碎木屑填实。加工人员则在明亮的射灯下通过仔细观察，对无色或带微黄色、无裂纹、无包裹体的颗粒，视其内部情况把可切割成大于 0.5 ~ 1.0 克拉成品的晶体挑出，经粗磨、细磨、抛光即可得到 0.5 至十几克拉不等的成品。

目前已经知道佤山锡宝琢磨出的宝石，最大的约 40 克拉，一般情况只能磨成 5 克拉左右的宝石。

由于锡石折光率高，双折射率 0.096，色散值 0.071（高于钻石的色散值），所以一粒加工好的锡宝比重大、折光率高，看上去十分美丽。毕竟这种宝石大晶体少，透明度和净度达到宝石级的更少，因此，佤山锡宝面世就更加稀罕。

近两年云南少数几位雕琢宝石的师傅将晶体大又不能磨成宝石的锡石晶体雕成了手玩件和挂件，也极耐看且有较好的市场收藏前景。

特殊地质环境下形成的佤山锡宝，由于数量太少，在全世界宝石中也属于稀有品种，难怪许多关于宝石的书籍中都将这种宝石称为只有少数收藏家才能拥有的宝石，这种缘分极其难得！

市场走势

锡石宝石由于问世较晚，知道的消费群体较少，目前仅在云南一部分收藏家中流行，少数经商家介绍而成为一些以锡矿开采加工为业的经营者的收藏和饰品。目前以 1 克拉计算，每克拉上品价约 600 ~ 800 元，但是很难买到。由于资源有限，随着消费者对其熟知程度的增加和需求的上升，会有较大的升值空间。

> 锡石琢磨的宝石，最大的 32.5 克拉

> 素面的锡宝

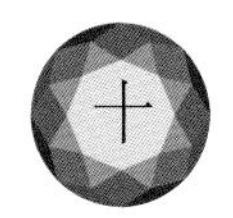

长石类宝石

长石这个名字对很多消费者来说都显得陌生，而提到月光宝石、蓝闪宝石这些名字很多人都知道。长石是一个大类，它包括了钾长石、钠长石两大类，而如果细分，又可以分成正长石、透长石、微斜长石、歪长石，以及钠长石中的钠、更、中、拉、培、钙等长石，长石家族中居然有 25 种以上，其中可以用来磨制宝石的主要有日光长石、月光长石、天河石、拉长石。

长石中的斜长石，有些由结晶体很细的组成的矿物集合体便是近几年来珠宝市场炒得火热的水沫子玉。

月光石是最常见的宝石，云南人将这种宝石琢成的戒面叫蓝闪宝石，它在无色透明或乳白色的底面上，常会泛出淡淡的蓝光，仿佛静静的夜空中一轮明月光洁似水，这是这种宝石板状结晶习性的光学效应。

> 天河石晶体的一部分

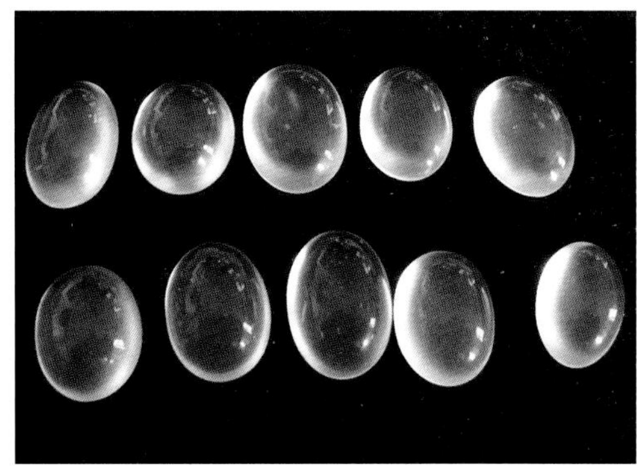

> 钠长石质玉——水沫玉戒面

月光石属于拉长石中的一个品种，好的结晶体多呈板状、厚片状颗粒，十分完整的晶体很少见。由于它的解理面上具有强烈的淡蓝、淡绿和乳白色的变彩效应，而且价格便宜，靠近云南的缅甸又大量产这种宝石，在民国年间，云南女性就喜欢戴由月光石制成的高庄馒头蓝闪——月光宝石戒指。

小贴士 长石

成分	钾长石：$KAlSi_3O_8$；可含有 Ba、Na、Rb、Sr 等元素 斜长石：$NaAlSi_3O_8-CaAl_2Si_2O_8$
形态	月光石、天河石：单斜或三斜晶系；日光石、拉长石：三斜晶系；板状，短柱状晶形；常发育卡氏双晶、聚片双晶、格子状双晶等
解理	两组完全解理
颜色	常见无色至浅黄色、绿色、橙色、褐色 月光石：无色至白色，常见蓝色、无色或黄色等晕彩 天河石：亮绿或亮蓝绿至浅蓝色，常见绿色和白色的格子状色斑 日光石：黄、橙黄至棕色，具红色或金色砂金效应 拉长石：灰至灰黄、橙色至棕、棕红色、绿，具晕彩效应
摩氏硬度	6 ~ 6.5
比重	月光石：2.58；天河石 2.56；日光石：2.65；拉长石：2.70
折射率及光性	二轴晶正光性或负光性 月光石：1.518 ~ 1.526；双折射率：0.005 ~ 0.008 天河石：1.522 ~ 1.530；双折射率：0.008（通常不可测） 日光石：1.537 ~ 1.547；双折射率：0.007 ~ 0.010 拉长石：1.559 ~ 1.568；双折射率：常为 0.009
光泽	玻璃光泽，断口呈玻璃光泽至珍珠光泽或油脂光泽
发光性及吸收光谱	紫外荧光：无至弱，白、紫、红、黄等色 吸收光谱通常不特征
包裹体	解理，双晶纹，气液包体，聚片双晶，针状包体等 月光石：可见“蜈蚣状”包体，指纹状包体，针状包体 天河石：常见网格状色斑 日光石：常见红色或金色的板状包体，具金属质感 拉长石：常见黑色固体包体，双晶纹，晕彩
市场价	详见文
备注	色散强（0.071）

> 质量较好的拉长石琢磨的戒面，色彩很丰富

> 天河石原料及磨制成的珠串

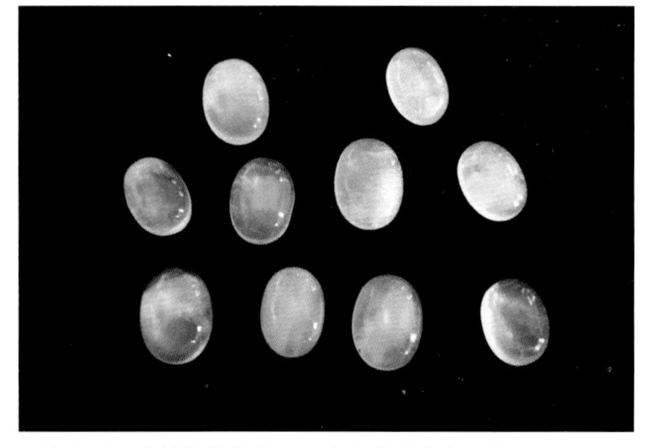

> 月光宝石泛着淡淡的蓝光，宛如静夜的月光般

据我国有名的地质学家、考古学家章鸿钊先生考证，曾记载的春秋战国时期和氏璧的故事，其中的和氏璧可能就是一块月光宝石，但是故事的发生地至今也没有发现有月光石，且当一个故事吧！

绝大部分月光宝石均制作成素身的戒面，也有制作成珠子和牌子的，因其产量较大，价格变化不太大，目前就一般 5 ~ 7mm 的戒面几十元一粒，6mm、8mm 直径的珠子以 16 粒计算约 300 ~ 400 元一串。

值得一提的是与月光石同属一族的另一钠长石结晶集合体形成的另一种属于“玉”类的矿物——水沫玉。水沫玉原本是开采翡翠时同时被采到的一种与翡翠共生的矿物。化学分子式：$NaAl(Si_3O_8)$，与翡翠相比较，分子式中物质相同，但是多了一个二氧化硅离子。水沫玉

> 水沫玉琢的挂件

与翡翠常常生长在一起，有时竟然一块石料中既有翡翠也有水沫玉。早些年云南珠宝界将水沫玉列入翡翠的一个品种。近几年由于翡翠价格的猛增，消费者取道购买与翡翠玻璃种有相似之处的水沫玉。仅从观赏价值来看，水沫玉也是一种值得推荐的“宝石”。虽然它的结构、硬度以及多种色彩等条件不如翡翠，但是便宜的价格却是一个优势。要提醒消费者的是，近年来市场上出现用一种非常透的石英岩来冒充水沫玉，玉髓硬度达 6.5 ~ 7 度，干净、透明，

> 带有翠色的水沫玉牌

> 钠长石质玉——水沫玉手镯

> 拉长石琢成的双鸟工艺品

> 拉长石及其琢磨成的戒面

制作的物件很漂亮，价格和水沫玉相当，可产量却比水沫玉多，因此，消费者在购买时要多对比、多看，如有鉴定证书则更可靠。

长石类的矿物用来制作宝石的还有拉长石和天河石、日光石。

日光长石中常有鳞片状的镜铁矿，像许多星星在闪烁，有一种人造的金星石与其很相像。

拉长石表面会出现蓝、绿、紫、金、黄的变彩，常用作工艺品、低档戒面。

天河石属于钾微斜长石，粉蓝绿色调，近年在巴西、非洲发现颜色较好的天河石，用来制作成挂坠、珠子。

长石类的彩宝硬度较低，不耐磨，故价格一直比较稳定。

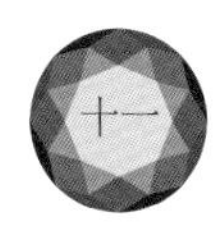

欧 泊

在澳大利亚闪电岭一带，当人们将厚重的砂岩挖开后，在砂岩的岩缝中会见到或星星点点，或呈细细的线状分布的泛着鸡蛋白样乳光的许多包裹在岩石中的珍宝，当人们沿这些石头的走向将岩石剖开，将其较集中的部分取出抛光后，即在宝石表面出现斑驳的变彩，当转动宝石时，奇异的现象出现了：不同的地方一种色调会转变成另一种色调，迷离神奇、美不胜收，这就是有名的欧泊宝石。古代有人把它叫做魔鬼宝，又以产地称为闪山云。

欧泊是贵蛋白石中最美的一种宝石，有以蓝色、绿色、金色单色调为主、其他色调配合的单色欧泊，而更多的是多种色调大体平衡而在转动时不断变换色彩的欧泊。最名贵的欧泊是在黑色的底板上，闪着彩光，犹如夜空中的烟花怒放一样美丽。

> 二氧化硅胶体矿物斑彩螺形成的欧泊

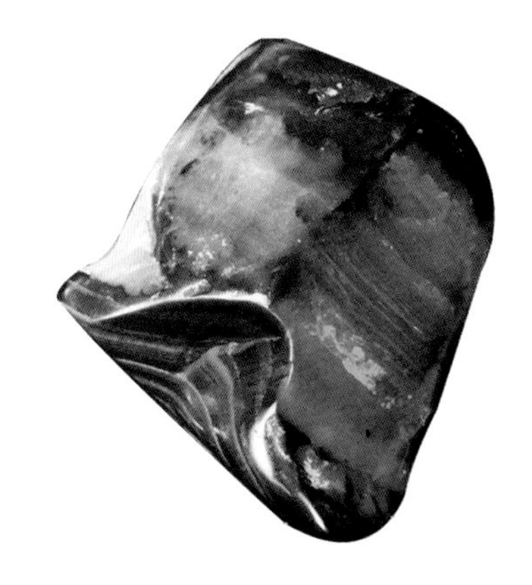

> 产于澳大利亚闪电岭的欧泊原料

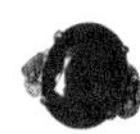

生长在褐色砂岩底板上的欧泊

以淡蓝绿色为主调的欧泊吊坠

小贴士 欧泊

成分	$SiO_2 \cdot nH_2O$
形态	非晶质体
解理	无
颜色	可出现各种体色 白色变彩欧泊可称为白欧泊；黑、深灰、蓝、绿、棕或其他深色体色欧泊可称为黑欧泊；橙色、橙红色、红色欧泊可称为火欧泊
摩氏硬度	5 ~ 6
比重	2.15
折射率及光性	1.450，火欧泊可低至 1.37，通常 1.42~1.43
光泽	玻璃光泽至树脂光泽
发光性及吸收光谱	紫外荧光：黑色或白色体色：无至中等的白到浅蓝色，绿色或黄色荧光，可有磷光；其他体色黑欧泊：无至强，绿或黄绿色，可有磷光；火欧泊：无至中等，绿褐色，可有磷光 吸收光谱：绿色欧泊：660nm、470nm 吸收线，其他不特征
包裹体	色斑呈不规则片状，边界平坦且较模糊
市场价	详见文

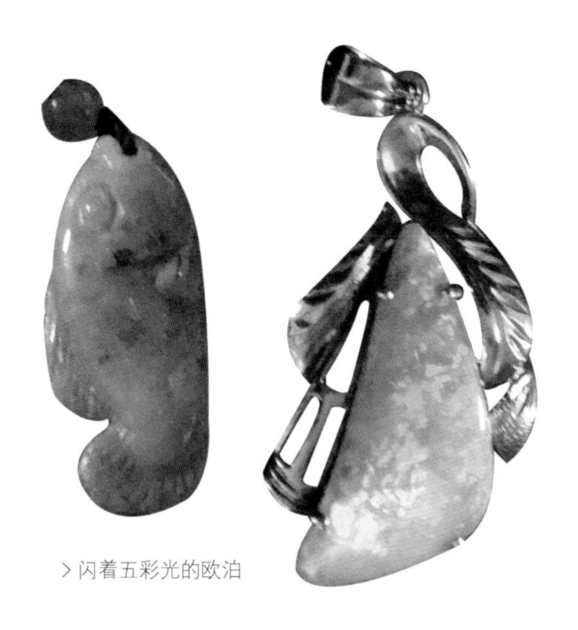

> 闪着五彩光的欧泊

欧泊的英语opal来源于古罗马语“opalus”，是一个拉丁化的梵语“upala”，是珍贵的宝石的意思。古罗马时期的欧泊主要产于现今的斯洛伐克，欧泊的产地不多，现在以澳大利亚为主。近几年在非洲发现了金色底子的彩色欧泊。

目前一般欧泊每克拉约300～500元，而色美且块度大的可以卖到1克拉1 000元。

最近几年，有人造欧泊大量上市，对天然欧泊冲击很大，人造欧泊质地均一，色彩变化远远不如天然欧泊。消费者购买时，要多看看，当然还是那句老话，最好还是要有鉴定证书。欧泊较脆，佩戴时要轻拿轻放；不用时，最好在表面抹上一层薄薄的橄榄油以防止水分蒸发而失色。

> 金色欧泊琢成的小金鱼

> 以淡蓝绿色为主调的欧泊戒面

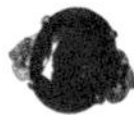

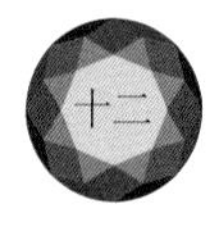

玛 瑙

一般玛瑙不稀奇，在云南珠宝市场摆满翡翠制品的今天，许多人的印象中，玛瑙只是小女孩手上玩玩的饰物。但有一种称作南红玛瑙的罕见宝贝却在云南乃至西藏、青海等地信奉藏传佛教的地区，一直受到人们的喜爱，将其配搭珍珠、珊瑚、绿松石佩戴在身上，祖祖辈辈以宝物爱护和相传。

> 一块人工开采、质量较好的云南保山杨柳的南红玛瑙

玛瑙是二氧化硅家族中的一员，它与水晶、石英、芙蓉石、雨花石、黄龙玉等都是地球上二氧化硅不同的结晶形式和产出形式，世界上产玛瑙的国家和地区也极多。就我国而言，章鸿钊先生在《古矿录》一书中记录了我国产玛瑙的地方就不下百处，就其名称而言也极丰富，有叫五色文石、灵岩石、雨花石、五花石，就颜色花纹而言有红玛瑙、白玛瑙、蓝玛瑙、蛋青玛瑙、紫英玛瑙、合子玛瑙(漆黑中有一白线)、

> 南红玛瑙原石及制作的小玩件

小贴士 玛瑙

成分	SiO_2；可含有 Fe、Al、Ti、Mn、V 等元素
形态	呈同心层状和规则的条带状
解理	无
颜色	浅至深的红色、橙色、白色、黑色，无色
摩氏硬度	6.5 ~ 7
比重	2.60
折射率及光性	点测法通常为 1.53 ~ 1.54
光泽	油脂光泽至玻璃光泽
发光性及吸收光谱	不特征
放大	隐晶质结构
市场价	详见文

> 特殊花纹的玛瑙珠是否就是传说中的天珠呢？

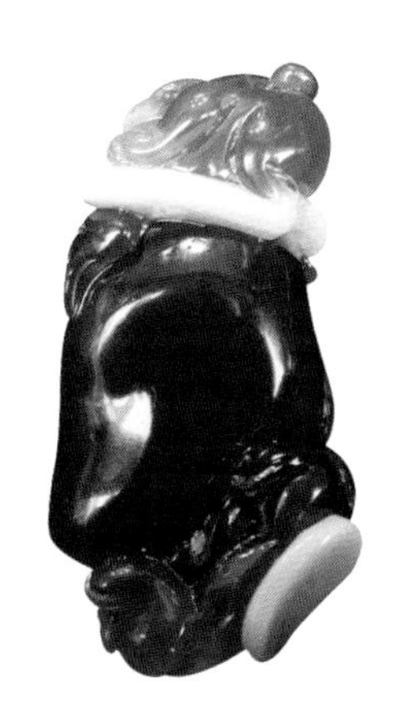

> 南红玛瑙雕的小雕件

> 南红玛瑙珠，已经达到柿子红的级别

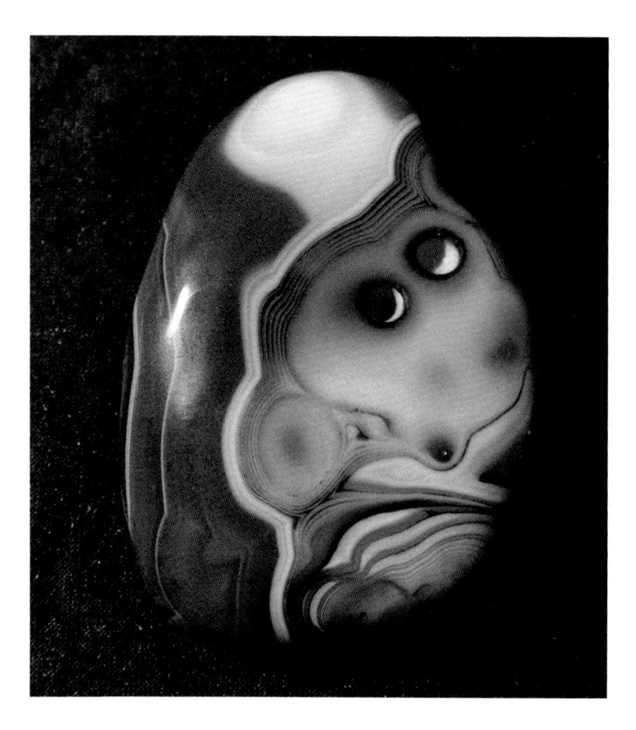

> 迷离神奇的花纹配以鲜美的色彩，这块玛瑙同样有欣赏价值

> 南红玛瑙珠子

> 四川凉山几个不同产地的玛瑙的制成品

缠丝玛瑙（红白杂色如丝相间）、锦犀玛瑙（五色兼者）、苔纹玛瑙等等，数不胜数，仅云南所产也有数十种之多。

大约在距今两亿三千万年左右，我国和世界许多地区发生了大面积的火山喷发活动，大量基性喷出岩——玄武岩从地壳深处大量涌出地壳外部，这种灰黑色、细粒致密状构造岩往往具有气孔状构造、杏仁状构造，当这些具气孔和杏仁状构造的岩石冷凝后，二氧化硅的胶体矿物便进入气孔安家，在漫长的岁月中逐渐将各种大小不同的孔洞填满，形成各式各样形状的玛瑙，且随着进入二氧化硅胶体的致色元素如铁、锰、铜等元素的多少和形成物质来源的变化，最终就形成上千种玛瑙。

玛瑙中一个有名的品种便是雨花石了，曹雪芹在《红楼梦》中就称赞雨花石为通灵宝玉，形容其“大如雀卵，灿若明霞，莹润如酥，五色花纹缠护”。

而南京的雨花台也得名于一个美丽的传说。梁武帝时，高僧云光法师在石子冈（位于南京南郊中华门外）讲经，精诚所至，感动上天，天花飘落，落地化作五彩石子，于是讲法的台子被命名为“雨花台”，石子被命名为“雨花石”。

云南本土有很多玛瑙，其中最著名的莫过于保山的南红玛瑙了。

从春秋战国时期到汉代，居住在云南这块土地上的各少数民族，生产有了一定的发展，人们生产出的粮食、果品和简单的农具等除满足自己需要外，还有部分剩余，那时生产资料和生活资料的交换往往采取以物易物的方式进行。随着以物易物的交换方式的发展，人们开始寻找一种更加方便的、能替代商品价值的东西，这便是货币的产生缘由。从云南省博物馆展出的许多汉代贝器和云南省汉代古墓出土的大量贝壳来推断，大约战国时期或者汉代，云南就用贝这种海生软体动物的外壳当做货币使用了。

虽然秦汉开始，铜制的钱币已经在内地大量使用，然而在极边远的云南边疆地区，人们仍然喜欢这种式样古怪、闪着珠光、既可当装饰品又可当钱币的货币。这种商品交换形式直至 20 世纪初还在云南一些边远山区进行着。那些个头大的虎斑贝一个就值一般小贝的一千

> 特殊花纹的玛瑙珠好似鹌鹑蛋的皮

> 特殊花纹的玛瑙珠

> 特殊花纹的玛瑙

个，故称宝贝。

据南红玛瑙收藏家宋树森先生介绍，当贝币进入云南后，居住在云南保山一带的少数民族就用当地特产的一种宝石——南红玛瑙与波斯商人、印度商人交换贝币，而波斯商人又将南红玛瑙带到阿富汗、波斯甚至非洲。如今在许多国家都有云南南红玛瑙的踪迹。

南红玛瑙为什么能受到人们的喜爱呢？有两个原因：

其一，南红玛瑙颜色鲜而不妖，有正统的朱砂红、鸡

> 南红玛瑙雕的小雕件

> 生在昆明地区的南红玛瑙，所有者花15元钱买到，2 000元琢工，最后有人出到50 000元钱还舍不得卖的玛瑙宝贝……

> 后右侧面一条鲶鱼

> 正面

血红、宝石红、石榴红等红色，上品的南红玛瑙色红而微透，红里透出微微的黄色，制成品与海中所产的红珊瑚并无区别，且南红玛瑙硬度高，不易风化，埋在土里永远不变色、不变质、不腐烂，在珊瑚极难得到的古代，用南红玛瑙与绿松石、孔雀石串在一起极其相配，是信奉藏传佛教信徒的最爱。

其二，云南盛产玛瑙，但要达到真正的南红玛瑙级别的却极少，只有云南保山杨柳、油旺一带所产玛瑙中的极少部分才可算真正的南红玛瑙。

一级南红玛瑙要求块度不小，可达10cm×10cm×5cm，无杂质、无绺裂，色纯正如珊瑚或者鲜红的干辣椒，小于此的有裂纹的只能算二级或不列级。南红玛瑙不但少，开采也非常地困难，真正的一级是极难碰到的。明代大旅行家徐霞客曾在他的游记中记述过保山南红玛瑙，笔者用现代语试作一个解释：只有保山干海子桥山南面有好玛瑙，人们在崖壁上的一个个石穴中将石头凿开才能将玛瑙取出，这座山很陡，下面是一条很深的河，产玛瑙的地方上面是壁立的危岩，人们攀着古藤，凿开石壁，将嵌在崖壁上的一个个玛瑙周围坚硬的石头凿开，才能取到玛瑙。玛瑙的色有白、有红，都不怎么大，大的也只有拳头那么大，如果沿着有玛瑙的路往崖壁深处凿，可能像结的瓜一

> 玛瑙琢成的如意摆件

> 南红玛瑙珠

> 罕见优质的南红玛瑙摆件

样的有许多玛瑙，有升（一种量具，大小如篮球）一样大而像球一样圆……这里就可能发现有上好的玛瑙，有拳头大且完整的每斤两钱银子，碎的每斤只能卖一钱银子。

由此可见，好的南红玛瑙也是极难得到的。古人们得到南红玛瑙后，用极简单的工具将其磨去外皮，据其大小磨成或圆或扁的珠状，用绳子串起来，戴在脖子上或系在腰间作为饰品，也可取下交换所需物件。在云南，就有这么一句“舍得宝换宝，舍得珍珠换玛瑙”的老话。由于加工技术差，古代的南红玛瑙表面多有不同的打磨痕迹，抛光也较差。到了清代，随着加工技术的改进，有磨圆度极好的珠子、马鞍戒、耳片出现。

南红玛瑙产出于坚硬的玄武岩顶部的气孔和裂隙，它曾在云南历史上扮演过货币的角色，由于稀少，备受人们喜爱，在云南、江浙乃至内蒙古都有一批喜爱南红玛瑙的收藏家。南红玛瑙红而不妖艳，耐看，许多南红玛瑙制作的珠子、手串都能让人产生一种怀古的情结。

南红玛瑙的产地除云南保山外，云南的昆明、宣威和四川的凉山也产可与保山玛瑙媲美的玛瑙，目前市场上南红玛瑙被炒得火热，建议卖家和消费者要理性对待，使其回归到正常的消费市场。

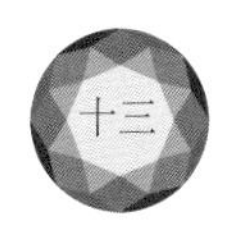

十三　橄榄石

近几年在中国的珠宝市场上兴起了一股彩宝热，年轻一代喜欢各种颜色鲜艳、个性独特而价位又不十分贵的各种意义上的彩宝，明亮、透度好、泛着淡淡的橄榄绿色的橄榄石也成为热销彩宝。

早在公元 1580 ~ 1350 年间，埃及人就用橄榄石制作珠子。从古代到中世纪，橄榄石都被认为是太阳的符号，一份早期的希腊人手稿告诉我们：橄榄石承载着皇家的尊严。11 世纪法国教皇 Marbodius 记载说，把橄榄石打孔，用驴毛串起来戴在左臂上可以驱除邪恶。

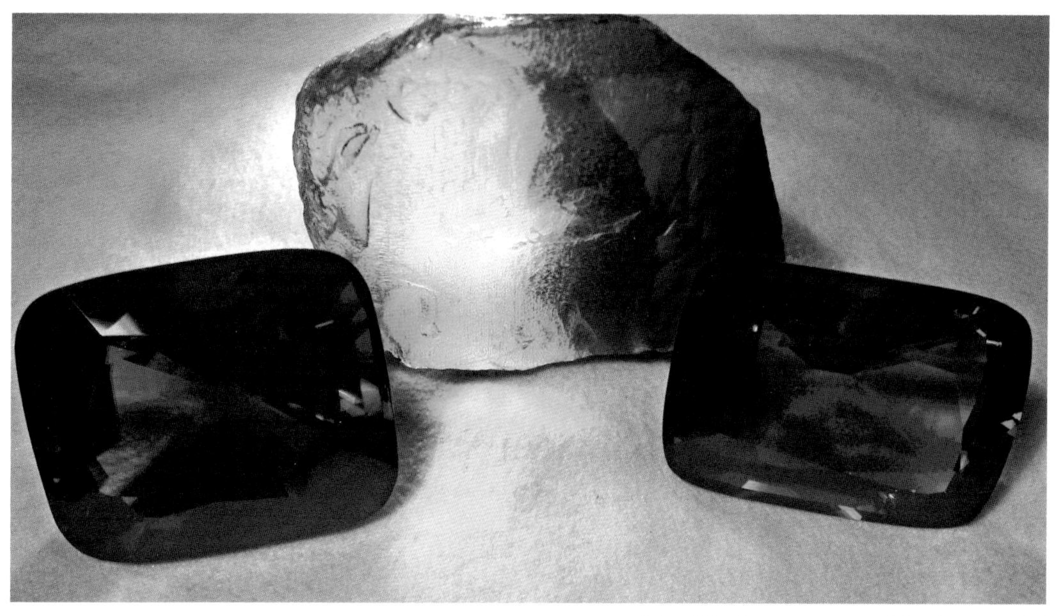

> 中间为橄榄石晶体，两边是磨制好的橄榄石戒面

> 橄榄石戒面

小贴士 橄榄石

成分	$(Mg,Fe)_2SiO_4$
形态	斜方晶系，呈柱状或短柱状，多为不规则粒状
解理	中等不完全
颜色	黄绿色、绿色、褐绿色
摩氏硬度	6.5 ~ 7
比重	3.34
折射率及光性	1.654 ~ 1.690；双折射率：0.035 ~ 0.038　二轴晶正光性或负光性
光泽	玻璃光泽，断口为玻璃光泽至亚玻璃光泽
发光性及吸收光谱	紫外荧光无 吸收光谱：453nm、477nm、497nm 强吸收带
包裹体	盘状气液两相包体，深色矿物包体，负晶
市场价	详见文

橄榄石是一种半透明，泛着黄、蓝绿、褐绿色色调的宝石，缅甸人将这种宝石称作叶子宝，笔者估计缅甸珠宝商是用橄榄石成品的颜色（宛如初春新绿的树叶的黄绿）来比喻这种宝石。

叶子宝在云南很常见，大多数是磨成棱角面宝石出售，小粒的橄榄石也有随形抛光后制作成手链的。

购买时注意与萤石制作的宝石区分开，后者比重大、硬度低，而橄榄石好的硬度可达 7 度而颜色均一。

目前这种宝石一般每克拉 200 元左右，而大于 10 克拉、色调鲜明且磨工好的则每克拉近 1000 元。

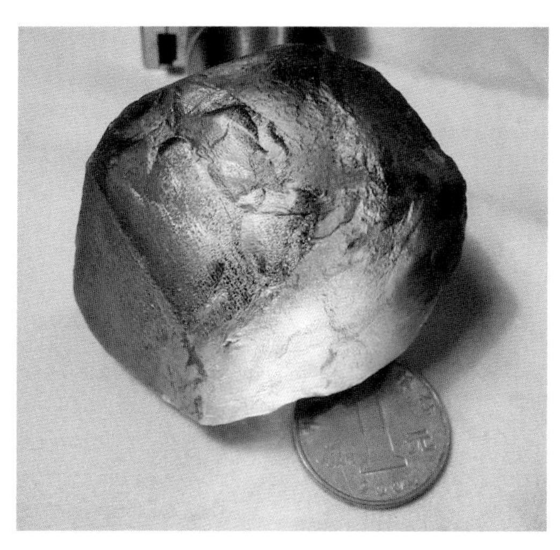

> 一粒珍贵的橄榄石晶体约 30 克重

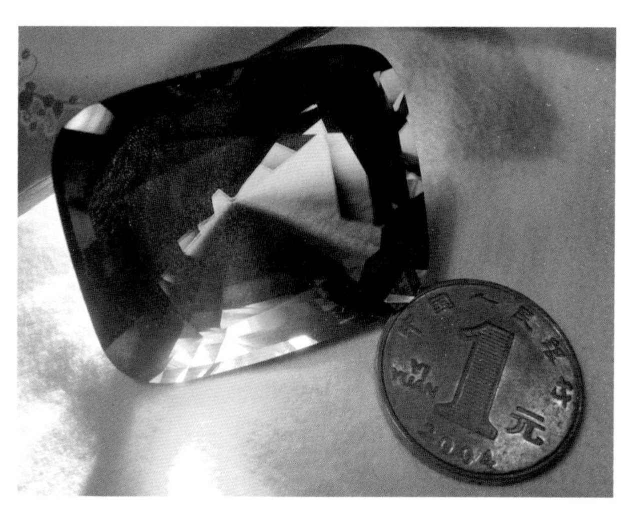

> 品质极佳的橄榄石，约 20 克拉

吉祥三宝

吉祥三宝指的是孔雀石、青金石、绿松石。在世界范围内，关于珠宝彩石的报道材料中，都提及这三种石头，究其原因，一是这三种彩石颜色鲜而不妖，能给人一种镇静心灵的感受；二是这三种彩石宝石分布较广；最后一点是在加工技术条件较差的古代，这些有色而硬度又不太高的石头首先被利用，而且由于几千年流传的文化渊源，当仁不让地成为世界绝大多数国家和多种民族喜爱的吉祥之宝。

> 青金石、孔雀石、绿松石组成吉祥三宝

> 孔雀石及琢成的珠子

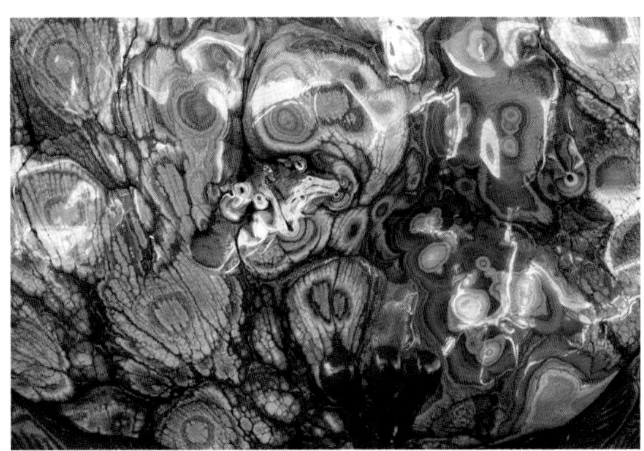

> 美丽的孔雀石

1. 孔雀石

成分	$Cu_2CO_3(OH)_2$
形态	晶质集合体，常呈纤维状集合体，皮壳状结构
解理	无
颜色	鲜艳的微蓝绿至绿色，常有杂色条纹
摩氏硬度	3.5 ~ 4
比重	3.95
折射率及光性	1.655 ~ 1.909；双折射率：0.254，集合体不可测
光泽	丝绢光泽至玻璃光泽
发光性及吸收光谱	不特征
放大	条纹状、同心环状结构
市场价	详见文

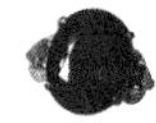

> 孔雀石做的挂坠

> 孔雀石

孔雀石的英语单词 malachite 来自希腊语的锦葵“μολὸχα”，源于它叶绿般的颜色。

据资料表明，早在距今两千多年前，居住在湖北、云南、广东等地的先民们，就已经将孔雀石磨制成珠，打上孔作为佩饰。孔雀石这种石头早在距今六千年前就被人们所认识，并发现将其加热到一定温度即可还原成铜金属，而又当做矿石来使用。

而在距今约五千年前的埃及人已经将其磨细成粉状，当做颜料用来画在眼睛四周，据称是用来防止眼病。现代医学也证实孔雀石确具有一定的医疗作用。

在昆明的东川、丽江的米厘、楚雄的武定，古代都盛产铜矿，人们开采铜矿时往往在顶部裂隙中发现有次生富集的孔雀石，当时人们只用来当做矿石，也将花纹好的收集起来，制作首饰或镶嵌在墨盒盖上。

古代中国人将孔雀石称作“石禄”，是因广东省石禄盛产孔雀石而得名，至今仍在开采。

19 世纪，俄罗斯的乌拉尔发现大铜矿并盛产孔雀石，有的竟有 50 多吨重。绝大部分成块的孔雀石花纹好的均用来琢磨珠子，制成戒面或者雕件的不多。由于产量大、分布广，价格变化不太大。

> 绿松石串珠

2. 绿松石

小贴士 绿松石

成分	$CuAl_6(PO_4)_4(OH)_8 \cdot 5H_2O$
形态	通常呈块状或皮壳状隐晶质集合体
解理	无
颜色	浅至中等蓝色、绿蓝色至绿色，常有斑点、网脉或暗色矿物杂质
摩氏硬度	5 ~ 6
比重	2.76
折射率及光性	1.610 ~ 1.650，点测法通常为 1.61
光泽	蜡状光泽至玻璃光泽
发光性及吸收光谱	紫外荧光：长波：无至弱，绿黄色；短波：无 吸收光谱：偶见 420nm、432nm、460nm 吸收带
放大	常见暗色基质
市场价	详见文

绿松石的英语 Turquoise 可能来自法语的土耳其“Turkish”，因早期的绿松石都是通过土耳其进入欧洲的。

绿松石的开采、使用年限与孔雀石差不多，早在距今七千年前，在现在的伊拉克一带就有人使用绿松石做实用器具，法老 Semerkhet（公元前 2923 年至前 2915 年）记录了雇佣上千人开采绿松石的场景。到公元前 1844 年至前 1837 年，法老塞斯里斯二世用绿松石制成了华丽的胸甲，现在还在纽约大都会博物馆展出。

我国古代的墓葬中，也常见绿松石的身影。中国唐代，文成公主嫁给吐蕃王松赞干布时，从内地带了许多松石到拉萨，一部分赏赐给了王公大臣，余下的镶嵌在布达拉宫的觉康大佛塑像上，松石成了藏汉友谊的象征。藏族人民十分珍惜松石，就把它与孔雀石等制成的饰品

戴在身上，称为吉祥宝石。

绿松石淡蓝绿色，反射差、极柔和的蜡状光泽，既淡雅又不张扬，会使佩戴的人增加一些虔诚平和、优雅的气度，同时，也是最重要的一点，就是绿松石的色调与任何色调的皮肤、衣服都能很协调地配合，难怪自古以来深受世界各地消费者的喜爱。由于绿松石质地多有细小孔洞裂隙，采矿后所得的原料在进一步加工时多数都用煮蜡或填胶法，有的还染了色，以增加其稳定性和增强颜色，这种固化的绿松石市面出售的较多。纯净、色好的绿松石多用来制成素身蛋面，上面有时带有粗细不一的珠宝界称为铁线的纹，要注意：若这些铁线极细而且中间无粗细变化的，多数是人造绿松石。

> 宝格丽绿松石胸针

> 卡地亚绿松石钻石红宝石黄水晶祖母绿圣甲虫胸针

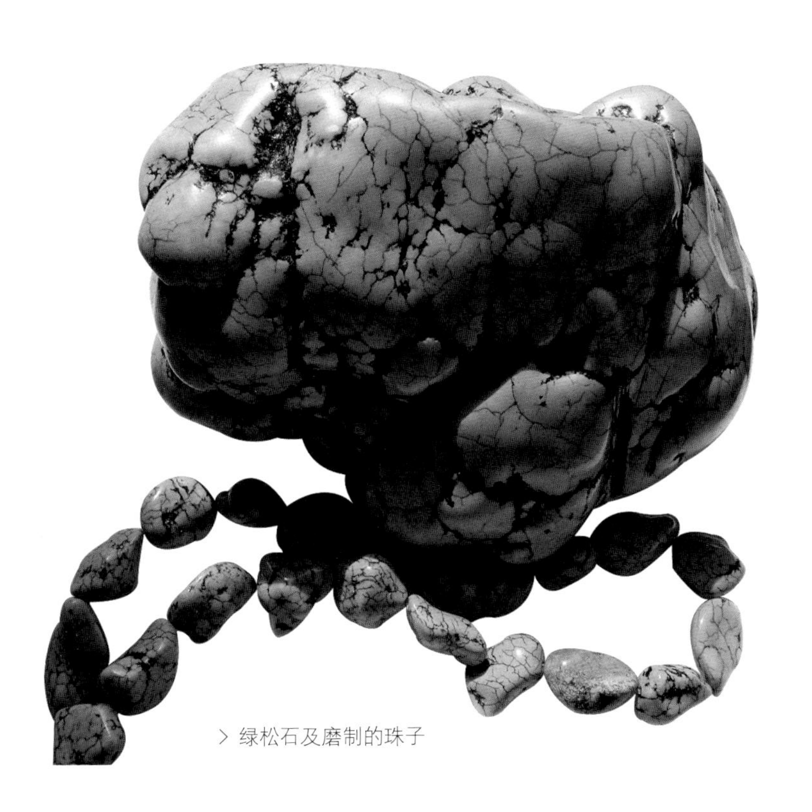

> 绿松石及磨制的珠子

实际上，松石这种彩色石头除绿色外，还有偏蓝的蓝松石和白色的白松石。其中绿色和蓝色的习惯统称绿松石。西藏地区多用绿松石来制作耳坠，故又称松耳石。绿松石是伊拉克的国石，当地人像中国人爱玉一样喜欢绿松石，他们普遍使用绿松石制作的装饰品、剑柄、碗、杯子等。

世界上产绿松石的国家很多，其中美国产的绿松石呈鸭蛋绿色，硬度也较其他地方产的高一点。购买绿松石主要看质地、颜色、花纹，需要特别注意的是近年来人造绿松石非常之多，如果只是一般地玩玩，喜欢好看也可以购买，但是人造松石比天然松石的价格更便宜，且不具收藏价值。

3. 青金石

小贴士 青金石

成分	$(NaCa)_8(AlSiO_4)_6(SO_4,Cl,S)_2$
形态	晶质集合体，常呈粒状结构、块状构造
解理	无
颜色	中至深微绿蓝色至紫蓝色，常有铜黄色黄铁矿、白色方解石、墨绿色透辉石、普通辉石的色斑
摩氏硬度	5 ~ 6
比重	2.75
折射率及光性	一般 1.50，有时因含方解石可达 1.67
光泽	蜡状光泽至玻璃光泽
发光性及吸收光谱	紫外荧光：长波：方解石包体可发粉红色荧光；短波：弱至中等绿色或黄绿色 吸收光谱：不特征
放大	粒状结构，常含有方解石、黄铁矿等
市场价	详见文

青金石的名字很容易记住（蓝蓝的天空，闪着星星），它又称西方蓝宝石。早在公元前两千年，埃及古墓中即有青金石葬品。这种产自阿富汗巴达克一带的神奇蓝色宝石，很早就通过丝绸之路传到中国。在新疆考古发掘中，青金石与蓝宝石被放在一起，可能古人将这两种石头认为是一类宝石了。汉书将青金石名为璧琉璃、碧琉璃。笔者认为，佛经中称的琉璃是指青金石，而后来中国唐、宋以后称的琉璃则是指人造的物件。

古代印度佛教兴盛时，将青金石奉为圣石，而在中国，人们觉得青金石如天空一般，故常用来祭天，凡此种种，将青金石蒙上了一层神秘面纱。中国寺庙中佛头上的颜色多用青金石磨成粉而涂之，故而又谓之佛头青。

青金石是一种含多种成分的钠铝硅酸盐，它实际是由方钠石和蓝方石组成，又有许多黄铁矿结晶夹在其中，质地好的呈浓而蓝青色，如夹方解石则多呈蓝白混在一起质地较差的青金石。

青金石在珠宝市场中以块状的作为观赏石，或者制作成珠子穿成手串、项链等出售。市场上也有人造的青金石，但是其内颜色均一而其光暗淡，“金”的亮度大不如天然黄铁矿的美丽。市场走势平稳，变化不大，可以收藏。

孔雀石、绿松石、青金石实际只能当做带色的彩石，但因它们是人类发现和使用最早且极古老的石头，又很受佛教徒喜爱，一些善男信女喜欢时常带在身边，因此，有其固定的消费市场。但在购买时要多留心人造和染色石英岩的替代品，以免上当。

> 青金石珠

> 青金石做的小扇坠

> 青金石手镯

拾伍 葡萄石

准确地说，葡萄石不是矿物单晶体磨制的宝石，属于广泛意义上的彩宝。这种宛似翡翠的玻璃种又带非常淡的绿色的矿物集合体琢磨的宝石，有如玻璃种翡翠的效果。在翡翠价格飞涨的今天，受到了众多女性消费者的青睐。

葡萄石是钙铝硅酸盐，单个的结晶体很小，几乎不能用来制作宝石，通常见到的葡萄石都是许多晶体呈肾状、葡萄状、块状的集合体，常在玄武岩气孔中的辉长岩、辉绿岩中出现。多为无色或很淡的绿色、黄绿色，其中玻璃光泽强、无杂质、无裂纹的即可琢磨成宝石。

目前一般色浅的葡萄石戒面 30 ~ 50 元 1 克拉，色黄绿色纯净的每克拉200元左右。由于巴西发现大量的葡萄石，这种宝石价格不会太猛涨。

> 葡萄石天然原料

> 色及透明度均极佳的葡萄石戒面

> 葡萄石琢磨成的蛋面宝石

> 葡萄石戒面

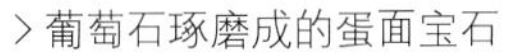

小贴士 葡萄石

成分	$Ca_2Al(AlSi_3O_{10})(OH)_2$；可含 Fe、Mg、Mn、Na、K 等元素
形态	晶质集合体，常呈板状、片状、葡萄状、肾状、放射状或块状集合体
解理	一组完全至中等解理，集合体通常不见
颜色	白色、浅黄、肉红、绿，常呈浅绿色
摩氏硬度	6 ~ 6.5
比重	2.80 ~ 2.95
折射率及光性	点测常为 1.63，1.616 ~ 1.649；双折射率：0.020 ~ 0.035，集合体不可测
光泽	玻璃光泽
发光性及吸收光谱	紫外荧光无 吸收光谱：438nm 弱吸收带
包裹体	纤维状结构，放射状排列
市场价	详见文

> 葡萄石串珠

> 葡萄石天然制成品 18K 黄金镶坠

苏纪石

近年来，珠宝市场上出现了两种紫色的彩石，其中一种英文译名叫舒俱来，是一种产于非洲的硅铁锂钠石，这种有着鲜明的紫红、蓝紫色的彩石一经加工，便以其鲜明的、浓郁的色彩受到了广泛的关注，有的色调鲜明且透度适中的彩石可以与翡翠中的春色料媲美，一些料厚度大，制作的手镯很有市场。这种石头唯一的不足是其硬度只有5.5～5.6度，虽然加工方便，但硬度稍低，会使消费者产生顾虑，佩戴时需要小心。目前市场价格较便宜，一般按件计算，中档料制作的挂件几百元即可买到，有一定升值空间。

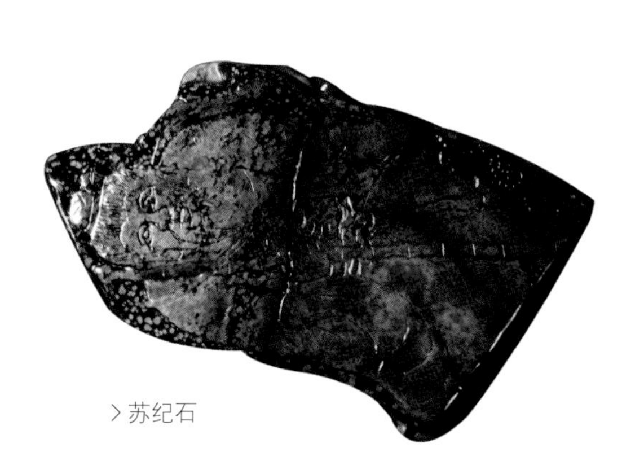

> 苏纪石

> 泛着紫红、蓝紫的苏纪石，是近年发现于非洲的最美彩色石头

> 用苏纪石制作的挂坠，紫及紫红的调子泛着神秘的宝气

小贴士 苏纪石

成分	硅铁锂钠石 $(K,Na)(Na,Fe)_2(Li,Fe)Si_{12}O_{30}$ 为主
形态	六方晶系，常为半自形粒状集合体
解理	无
颜色	红紫色、蓝紫色，少见粉红色
摩氏硬度	5.5 ~ 6.5
比重	2.74
折射率及光性	1.607 ~ 1.610，点测通常为 1.61；双折射率：0.003 一轴晶负光性
光泽	蜡状光泽至玻璃光泽
发光性及吸收光谱	紫外荧光：无至中，短波下蓝色 吸收光谱：在 550nm 处有强吸收带，411nm、419nm、437nm 以及 445nm 有吸收线，是锰和铁共同作用的结果
市场价	详见文

紫龙晶

> 紫龙晶又叫查罗石，内部的结晶体仿佛一束一束的石棉，属纤维状集合体彩石

紫龙晶是近几年在俄罗斯发现的一种以纤维状紫硅碱钙石晶体为主的集合体彩石，颜色与苏纪石相近而偏紫色，没有紫红色，并且有些灰、白、灰黑色斑点，故其成品价比苏纪石要偏低，市场价也比苏纪石低约百分之三十，其特点是紫色为主，夹白色纤维状构造明显。

> 由紫硅碱钙石纤维状聚晶集合体制作的珠串，商业名称紫龙晶，产于俄罗斯

小贴士 紫龙晶

成分	以紫硅碱钙石 $(K,Na)_5(Ca,Ba,Sr)_8(Si_6O_{15})_2Si_4O_9(OH,F)\cdot 11H_2O$ 为主
形态	晶质集合体，块状、纤维状集合体
解理	紫硅碱钙石具三组解理，集合体通常不可见
颜色	紫色、紫蓝色，可含有黑色、灰色、白色或褐棕色色斑
摩氏硬度	5 ~ 6
比重	2.68
折射率及光性	1.550 ~ 1.559；双折射率：0.009　二轴晶正光性，集合体通常不可测
光泽	蜡状光泽至玻璃光泽
发光性及吸收光谱	紫外荧光：长波：无至弱，斑块状红色；短波：无
市场价	详见文

> 南非新发现的一种宝石，外部被云母包裹

> 在电光照耀下闪着青草般的嫩绿，笔者还未弄懂是何彩宝

第四章 Chapter 4
彩宝赏析

>Colored Gemstone Appreciation

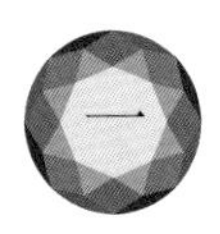

一 彩宝的共同特点

> 群镶花

若将全部彩宝都记录下来，则可成为一本厚厚的只能放在桌子上翻阅的大书。本书仅仅在万千彩宝中选取了最为常见的一小部分，也是最最精彩的部分，供读者来了解彩宝的基本特征，总结起来，就是：“美、久、少、小、用”五个字。

1. 美

彩宝的颜色千变万化、五光十色，而颜色是人们视觉最大的感受。钻石在阳光下闪射出的璀璨耀彩，红如火焰、蓝如晴朗的天空的红蓝宝石，迷离神奇的星光和猫眼效应，绿如早春树上新长出来的嫩芽的翡翠，鲜绿的祖母绿，如珊瑚红艳的南红玛瑙……美不胜收的色彩在丰富了人们的精神和物质文化生活的同时，也极大地促进了对彩色宝石的找矿、开采、加工、琢磨、成品首饰制作等一系列行业的兴盛。彩宝的美吸引着无数的消费者，从而构成了一条强大的产业链。

> 具有星彩效应的红宝石戒指

2. 久

彩宝中绝大部分的硬度都在 7 度或者以上，尤其是世界和中国公认的五大名宝，硬度都是在 7 度到 10 度，并具有稳定的化学特性，这就保证了这些宝石琢磨后，太阳光、风、水和轻微的碰撞下不至于变色、碰裂、擦伤、损坏，并能长久地保存下来。档次越高的彩宝，

>18K 黄、K 白金加钻镶嵌祖母绿坠、耳钉

越受到人们的珍视，人们总是对这些珍宝倍加呵护，这也是许多珍贵的彩宝能长久保存到今天并成为代代流传的物质文明和精神文明的具体见证。

3. 少

稀缺程度加上其他一些特殊因素，增加了彩宝的珍贵性。自人类有史以来，有历史记录的名钻只有74粒，重量在324克拉以上的金刚石也才有35粒。这与地球上生生死死的人数相比，少之又少，这是人们追求珍贵彩宝的一个重要因素。有些彩宝产量不少而珍贵的少，如大粒的红蓝宝石、大粒的祖母绿、大块的艳绿色翡翠都是极其难得的珍品，稀少也是人们对其是否珍视和决定其价值的重要条件。

>18K黄白金加红宝石、翡翠、祖母绿镶蝶恋花，底托为青白玉

4. 小

“小”是彩宝最具体的特征，世界上许多珍贵的彩宝都只是在一握之中。“小”便于珍藏和携带，在社会动荡、战争、灾荒年，人们可以容易地带上这些体积小、重量轻的宝贝，逃往可以躲避灾荒的地方。中国古典文学中“杜十娘怒沉百宝箱”中的一个小小箱子里，珍藏的尽是翠羽明珰、瑶簪宝珥、古玉紫金玩器、夜明珠、祖母绿、猫儿眼，只可惜没有遇到一个如意郎君，尽多珠宝沉入了江底。本文不是文学评论，只以此举一个珠宝“小”的特点例证。可见小是浓缩精华的特征。

5. 用

彩宝与黄金、白银一样，除了供人们日常美化生活之外，同样具备硬通货的作用，彩宝虽是装饰品，但同时也具有保值增值的作用。民间常有“盛世藏宝、乱世藏金”“丰年玉、歉年谷”的说法，可见古人早已将彩宝与金银当做储备物资收藏起来，以备不时之需。

彩宝的这些特征构成了人们对它的喜爱、购买、佩戴、收藏，以致其在全球范围之内，成了一个永不消失的朝阳产业。

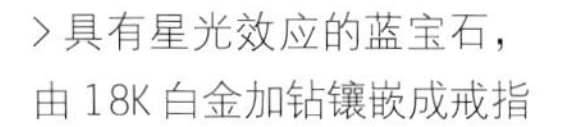

>具有星光效应的蓝宝石，由18K白金加钻镶嵌成戒指

二 彩宝赏析

彩宝都要依托黄金、白银、细小的钻石或者许多彩宝磨成的配镶原料，经工艺师精心设计、制作而成不同款式、不同色彩配搭和独具区域特色的饰品。近年来，全球交通、通信、文化发达，不同地域的许多设计理念相互交流、融会贯通，生产出许多更符合时代潮流的饰品。笔者曾到美国、欧洲、印度考察时收集了一些或简或繁，或者具有地区民族特色的彩宝照片，与读者们一同赏析。

> 民国年间、近年来留下的彩宝戒指，有蓝宝石、红宝石、月光宝石、青金石等，甚至有塑料戒面（第四排右下最后三个）

这一组作品是近年来出现的利用细碎小宝石变成大作品的典型，有较高观赏价值和收藏价值。

> 由 18K 黄金将众多红宝石群镶成紫荆花。这是近年来出现最时尚的饰品

>18K 白金配小蓝宝石镶嵌碧玺坠，设计理念有中西合璧的风格

> 用 18K 黄金，采用群镶配镶手法将翡翠、红宝石、钻石、祖母绿极和谐地搭配在一起，将美丽的花朵永恒绽放

>18K黄金加钻镶祖母绿、翡翠竹报平安坠。扇面坠和上下配饰极为协调，底板是青白玉，这是一件融入中西设计理念的作品

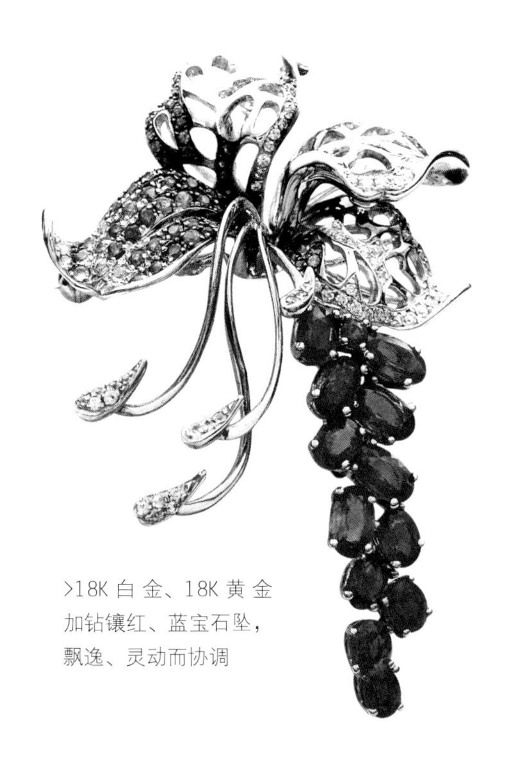

>18K白金、18K黄金加钻镶红、蓝宝石坠，飘逸、灵动而协调

>18K金、红宝石、祖母绿巧妙地结合制作的牡丹花是近年来流行的时尚首饰

>18K黄金加钻镶红宝石戒指，有西化的元素，也适合中国人的观念

> 宝格丽多种彩宝项链

>S925 银为托镶嵌的小红宝石坠，价钱不贵，是年轻人的选择

>S925 银为托镶嵌的小红宝石坠，价钱不贵，适合人群广，较畅销

>S925 银配水钻镶碧玺坠，是近年市面流行的饰品，价格不贵，消费群体多为年轻人

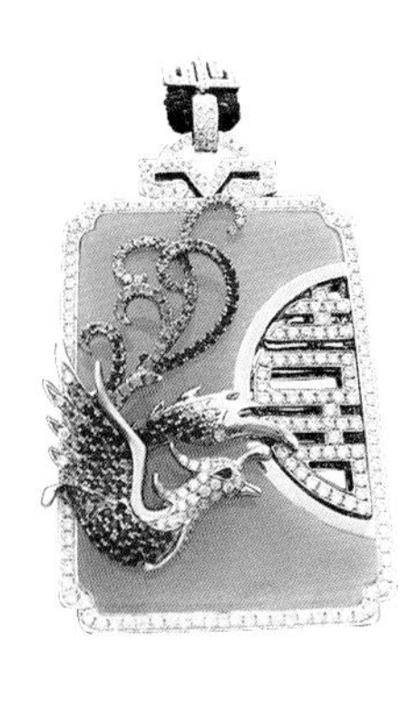

>18K 白金加钻镶小红宝石龙凤呈祥喜字对牌，这是年轻人佳偶天成的吉祥物，托底为和田青白玉

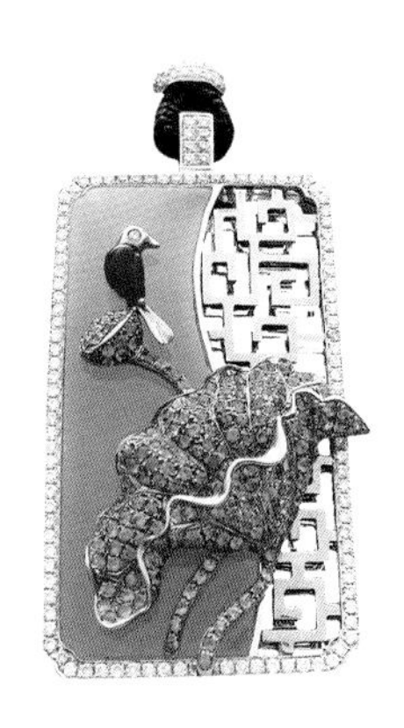

>18K 白金配钻镶祖母绿荷叶、红珊瑚喜鹊牌，寓意年年有喜、和和美美或者喜事连连，托底为青白玉

>18k 白金加钻，工艺简洁，流畅中又有对称

>S925 银配钻镶辉石猫眼坠，设计理念独到，是笔者的创意作品

>18K 白金配镶红蓝宝石的碧玺挂坠，作品属于欧派设计和加工，富丽堂皇、名贵高雅

>18k 白金加钻，工艺简洁，流畅中又有对称

>18K 黄金加钻、小红宝石、祖母绿、翡翠镶的胸坠，作品极富生活情趣，绿芽青翠欲滴，小青蛙跃跃欲试，充满自然活力，底架为青玉

>18K 黄金配红珊瑚、翡翠、祖母绿镶凤传牡丹图。底托为青玉，很有中国汉文化风味，又充分发挥小件宝石作用，积少成多优势明显

>18K 白金加钻镶祖母绿胸坠，简洁大方，典雅大气

>18K 白金配钻镶辉石猫眼坠，设计理念独到，是笔者的创意作品

> 这些精美的彩宝是人们认识自然、改造自然、创造精神文明和物质文明的表征

> 这串项链很稀奇，它居然用一粒粒未加工的钻石晶体串起来，既古老又极时尚，这为追求个性化的现代消费者提供了更多选择，也可能是未来彩宝首饰的又一个方向

> 美国图桑国际珠宝展览会上展出的充满异国风情的彩宝饰品之一

> 南红玛瑙琢成的小摆件

> 美国图桑国际珠宝展览会上展出的充满异国风情的彩宝饰品之二

> 这些看着图案稀奇古怪而又闪着迷幻色彩的彩宝是玛瑙家族中独具风格的另类，它们被称作火玛瑙

> 美国图桑国际珠宝展览会上展出的充满异国风情的彩宝饰品之三

> 美国图桑国际珠宝展览会上展出的充满异国风情的彩宝饰品之四

> 各色碧玺搭配制作成的手链是印度女孩的最爱。近年来，世界各地的女士均喜欢用一条到多条手链来美化自己，也美化了世界

>单色玛瑙制成的小饰品也很耐人寻味

>S925 银镀玫瑰金镶芙蓉石坠是近年市场上畅销的低档彩宝

>珠宝市场常见到的海蓝宝石、托帕石坠，除左上角的挂坠外，其余的均是千禧工

>18K 黄白金加钻镶坦桑石、碧玺坠、耳钉

>18K 黄白金加钻镶坦桑石、碧玺、祖母绿坠

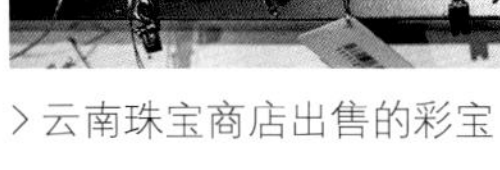

> 云南珠宝商店出售的彩宝

> 用 S925 银镶各种彩宝制作的小坠

>18K 白金加钻及各色大小不一的蓝宝石镶嵌的一粒约 20 克拉的红色碧玺项坠

>一粒重 42 克拉的天然淡蓝托帕石

>符山石

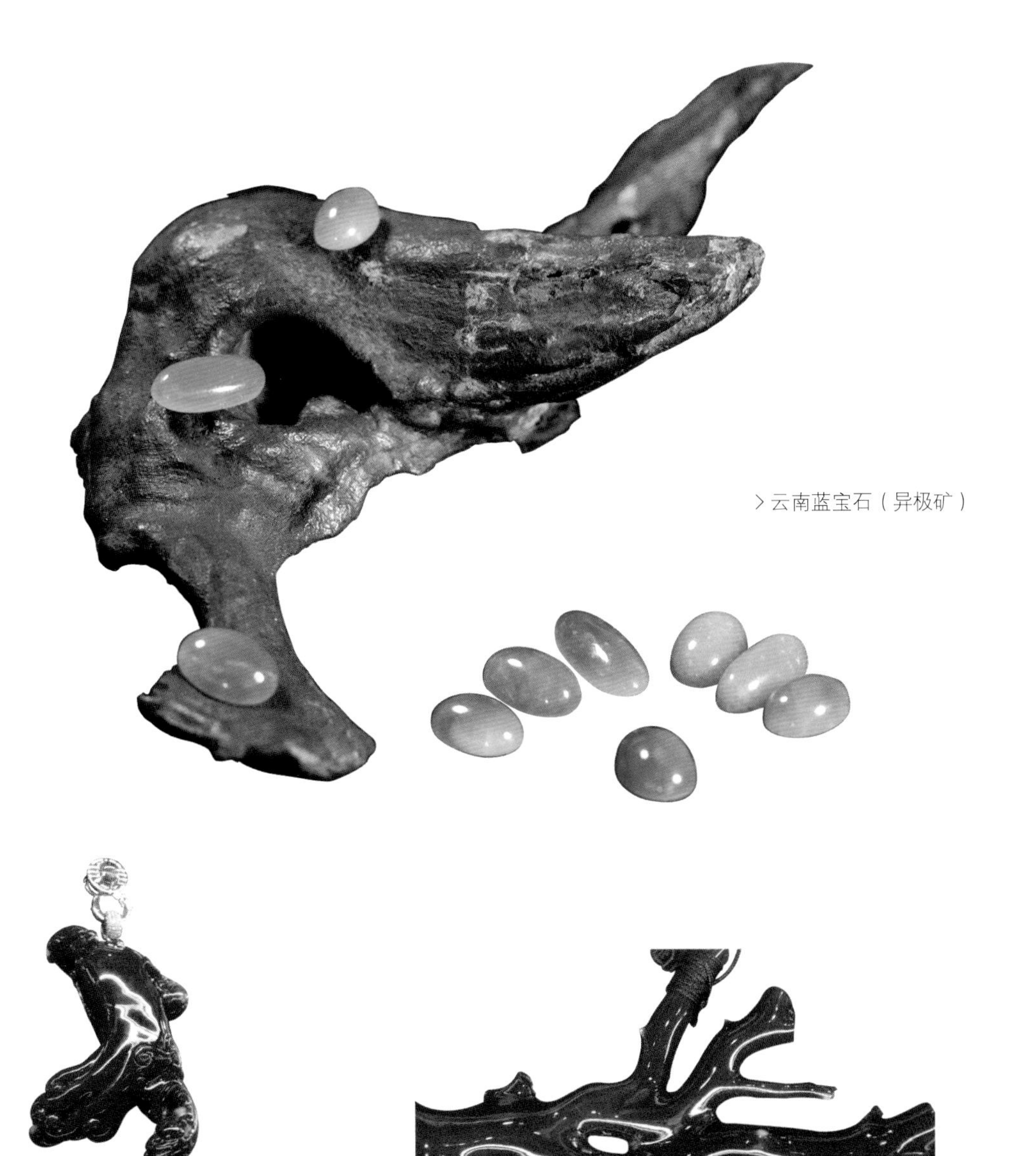

> 云南蓝宝石（异极矿）

> 珊瑚雕福寿如意坠

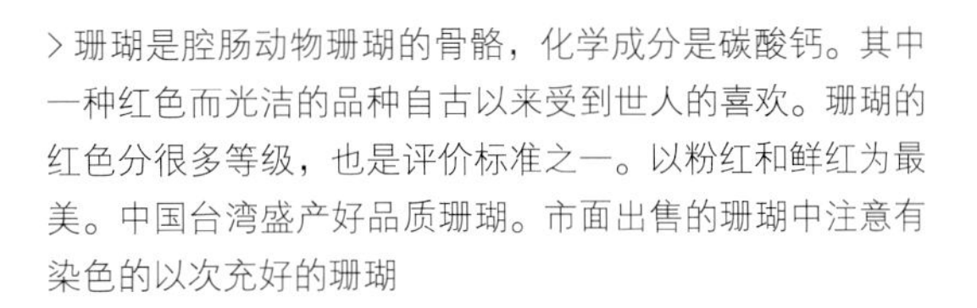

> 珊瑚是腔肠动物珊瑚的骨骼，化学成分是碳酸钙。其中一种红色而光洁的品种自古以来受到世人的喜欢。珊瑚的红色分很多等级，也是评价标准之一。以粉红和鲜红为最美。中国台湾盛产好品质珊瑚。市面出售的珊瑚中注意有染色的以次充好的珊瑚

> 用翡翠、砗磲、紫水晶、玉髓、玛瑙等天然彩玉石制作的珠子

> 黑曜石珠串

> 蓝宝石手链

>18K 金加钻镶红宝石色碧玺项坠，行内将非常纯而色红的碧玺称作“鲁宾碧玺”，而鲁宾是英语红宝石的音译

> 由含铬的石榴石（钙铬石榴石）制作的一套首饰项链、手链，翠色可人，清新素净

> 由含铬的石榴石（钙铬石榴石）制作的一套首饰项链、手链，翠色可人，清新素净（局部）

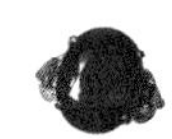

>18K 金配钻、红宝石镶翡翠小花篮

>18K 白金加钻镶“卡蓝”戒指（台湾工）

>宝格丽红蓝宝祖母绿胸针

>18K 白金配钻镶嵌蛋面蓝宝石戒指（蓝宝石产于斯里兰卡）

> 宝格丽红宝石祖母绿戒指

> 红宝石手镯

> 蓝宝石胸花

其他宝石基本参数

宝石	摩氏硬度	相对密度	折射率	双折射率	解理
锆石	6~7.5	3.90~4.73	1.810~1.984	0.001~0.059	无
方柱石	6~6.5	2.60~2.74	1.550~1.564	0.004~0.037	一组中等解理，一组不完全解理
柱晶石	6~7	3.30	1.667~1.680	0.012~0.017	两组完全解理
绿帘石	6~7	3.40	1.729~1.768	0.019~0.045	一组完全解理
堇青石	7~7.5	2.61	1.542~1.551	0.008~0.012	一组完全解理
榍石	5~5.5	3.52	1.900~2.034	0.100~0.135	两组中等解理
磷灰石	5~5.5	3.18	1.634~1.638	0.002~0.008	两组不完全解理
红柱石	7~7.5	3.17	1.634~1.643	0.007~0.013	一组中等解理
矽线石	6~7.5	3.25	1.659~1.680	0.015~0.021	一组完全解理
蓝晶石	平行 C 轴方向 4~5；垂直 C 轴方向 6~7	3.68	1.716~1.731	0.012~0.017	一组完全解理，一组中等解理
鱼眼石	4~5	2.40	1.535~1.537	0.002	一组完全解理
天蓝石	5~6	3.09	1.612~1.643	0.031	不清晰，少见
符山石	6~7	3.40	1.713~1.718	0.001~0.012	不完全

硼铝镁石	6~7	3.48	1.668~1.707	0.036~0.039	不清晰
塔菲石	8~9	3.61	1.719~1.723	0.004~0.005	无
蓝锥矿	6~7	3.68	1.757~1.804	0.047	一组不完全解理
重晶石	3~4	4.50	1.636~1.648	0.012	四组完全解理
天青石	3~4	3.87~4.30	1.619~1.637	0.018	两组完全解理
方解石	3	2.70	1.486~1.658	0.172	三组完全解理
斧石	6~7	3.29	1.678~1.688	0.010~0.012	一组中等解理
锡石	6~7	6.95	1.997~2.093	0.096~0.098	两组不完全解理
磷铝锂石	5~6	3.02	1.612~1.636	0.020~0.027	两组完全解理
透视石	5	3.30	1.655~1.708	0.051~0.053	三组完全解理
蓝柱石	7~8	3.08	1.652~1.671	0.019~0.020	一组完全解理
磷铝钠石	5~6	2.97	1.602~1.621	0.019~0.021	一组中等解理
赛黄金	7	3.00	1.630~1.636	0.006	一组极不完全解理
硅铍石	7~8	2.95	1.654~1.670	0.016	一组中等解理，一组不完全解理

四 生辰、结婚周年纪念日与彩宝

中西方文化的差异从使用生辰纪念的彩宝即可见一斑。在以汉文化为主的中国以及相关的邻国，人们习惯用佛教传统的观音、弥勒佛佩戴在身上，以祈求佛祖保佑吉祥平安。在生辰的纪念上，则习惯按中国的十二生肖来代表人的属相，至于这一年某月生则好像没有作为纪念的具体实物。

在欧美国家，由于信仰不同，很早即出现了用彩宝或者其他实物来代表生辰月份和结婚周年纪念日。

观音、弥勒佛大多用白玉、青玉、翡翠雕琢，关于这方面的文章，笔者在《翡翠精品鉴赏》一书里已经有详细描述，在此就不再重复了。

1. 结婚周年纪念日与珠宝

结婚周年纪念日的历史可以追溯到神圣罗马帝国时期，结婚 25 周年的时候丈夫要把一个银环戴在妻子头上，50 周年的时候则戴上一个金环，以表达对妻子的爱，祈求家庭和睦幸福，这就是“银婚”和“金婚”的由来。

后来，特别是进入 20 世纪以来，商业化的需求使周年纪念日的内容极大丰富，开始以不同的礼物来命名不同的纪念日。国外对生日、结婚周年的记录很多，版本也很多，其中以英、美两国的版本较完全，兹介绍如下：

结婚周年纪念日礼物越来越珍贵，代表着婚姻弥足珍贵，而亲情也越来越珍贵。现代美国结婚周年纪念日礼物在传统的基础上更加注重多元化和实用化，使得人们有机会、有理由为生活添置一些实用器具，为不断平淡的生活

<table>
<tr><th>周年</th><th>美国（传统）</th><th>英国（传统）</th><th>美国（现代）</th></tr>
<tr><td>1</td><td>纸</td><td>棉</td><td>闹钟</td></tr>
<tr><td>2</td><td>棉</td><td>纸</td><td>瓷器</td></tr>
<tr><td>3</td><td colspan="2">皮革</td><td>水晶、玻璃</td></tr>
<tr><td>4</td><td>麻、丝绸</td><td>水果和鲜花</td><td>电器</td></tr>
<tr><td>5</td><td colspan="2">木</td><td>银器</td></tr>
<tr><td>6</td><td>铁</td><td>糖</td><td>木器</td></tr>
<tr><td>7</td><td>羊毛、铜</td><td>毛织品</td><td>桌面用具、钢笔和铅笔</td></tr>
<tr><td>8</td><td>青铜</td><td>盐</td><td>麻、绸带</td></tr>
<tr><td>9</td><td>陶器</td><td>铜</td><td>皮制品</td></tr>
<tr><td>10</td><td>锡、铝</td><td>锡</td><td>钻石首饰</td></tr>
<tr><td>11</td><td>钢</td><td></td><td>时尚首饰和饰品</td></tr>
<tr><td>12</td><td>丝织品</td><td>丝织品和好的麻</td><td>珍珠、彩色宝石</td></tr>
<tr><td>13</td><td>绸带</td><td></td><td>纺织品、皮草</td></tr>
<tr><td>14</td><td>象牙</td><td></td><td>金首饰</td></tr>
<tr><td>15</td><td colspan="2">水晶</td><td>手表</td></tr>
<tr><td>16</td><td colspan="2" rowspan="4"></td><td>银碗</td></tr>
<tr><td>17</td><td>家具</td></tr>
<tr><td>18</td><td>瓷器</td></tr>
<tr><td>19</td><td>青铜</td></tr>
<tr><td>20</td><td colspan="2">瓷器</td><td>铂金</td></tr>
<tr><td>21</td><td colspan="2" rowspan="3"></td><td>铜、镍</td></tr>
<tr><td>22</td><td>铜</td></tr>
<tr><td>23</td><td>银盘</td></tr>
<tr><td>24</td><td>欧泊</td><td></td><td>乐器</td></tr>
<tr><td>25</td><td colspan="3">银</td></tr>
<tr><td>30</td><td colspan="2">珍珠</td><td>钻石</td></tr>
</table>

周年	美国（传统）	英国（传统）	美国（现代）
35	珊瑚、玉	珊瑚	玉
40	红宝石		
45	蓝宝石		蓝宝石
50	金		
55	祖母绿		祖母绿
60	黄钻	钻石	
65		蓝色蓝宝石	
70		铂金	
75	钻石、金		钻石、金
80		橡木	钻石、珍珠
85		葡萄酒	妻子的生辰石

增添些许乐趣和浪漫以及美好的回忆。

传统英国式的结婚80周年纪念日为何是橡木？也许是提示这一对近百龄的老夫妻该是时候为这一辈子的相守总结了，就像酿酒的橡木桶一样，静静地把回忆沉淀下来，体会一生的痛楚和幸福。而到了85周年的时候，回忆酿造的酒成熟了，把一辈子沉淀下来的点点滴滴和家人分享，喝着幸福的酒，高兴地走完剩下的人生。

2. 生辰与彩宝

1世纪的时候，犹太历史学家约瑟夫发表了关于亚伦胸甲上12颗宝石同一年中12个月和黄道12星座之间的联系的文章。这应该是生辰石最直接的来源。

由于翻译和解释的问题，出现在《出埃及记》中的亚伦胸甲的12颗宝石有很多种描述，就连约瑟夫本人都列了两种描述，昆茨（《有趣的宝石传说》作者，1913年出版）认为，约瑟夫在第二圣殿看到的胸甲可能不是《出埃及记》中描述的那件。

8世纪和9世纪的宗教条约里给每一个使徒配上了一种宝石，就像《启示录》中说的，他们的名字和美德都记录在基石上面。后来逐渐留下了12种宝石，每个月佩戴一种，便成了代表出生月份的生辰石。

现代的生辰石同亚伦的胸甲以及基督教基

石关联不大。品味、习俗和令人困惑的翻译使现代生辰石同历史溯源出现了变化，就像 1912 年一位作者批评堪萨斯名单（美国官方生辰石名单）只不过是毫无根据的推销手段。

古代传统的生辰石是社会化的生辰石，反映了当时的流行趋向以及传统。有一首诗将生辰石同公历联系在了一起。这些是以英语为母语的国家传统的生辰石。蒂芙尼在 1870 年将这首匿名作者的诗印在了宣传册上。

全诗如下：

By her who in this month (January) is born
No gem save garnets should be worn;
They will ensure her constancy,
True friendship, and fidelity.

The February-born shall find
Sincerity and peace of mind,
Freedom from passion and from care,
If they an amethyst will wear.

Who in this world of ours their eyes
In March first open shall be wise,
In days of peril firm and brave,
And wear a bloodstone to their grave.

She who from April dates her years,
Diamonds shall wear, lest bitter tears
For vain repentance flow; this stone,
Emblem of innocence, is known.

Who first beholds the light of day
In spring's sweet flowery month of May
And wears an emerald all her life
Shall be a loved and happy wife.

Who comes with summer to this earth,
And owes to June her hour of birth,
With ring of agate on her hand
Can health, wealth, and long life command.

The glowing ruby shall adorn,
Those who in July are born;
Then they'll be exempt and free
From love's doubts and anxiety.
Wear a sardonyx or for thee,
No conjugal felicity;
The August-born without this stone,
'Tis said, must live unloved and lone.

A maiden born when September leaves
Are rustling in September's breeze,
A sapphire on her brow should bind
'Twill cure diseases of the mind.

October's child is born for woe,
And life's vicissitudes must know,
But lay an opal on her breast,
And hope will lull those woes to rest.

Who first comes to this world below
With drear November's fog and snow,
Should prize the topaz's amber hue,
Emblem of friends and lovers true.

If cold December gave you birth,
The month of snow and ice and mirth,
Place on your hand a turquoise blue;
Success will bless whatever you do.

大致翻译如下：

一月出生的孩子，只能佩戴石榴石；它将确保他们不屈不挠的品质，真正的友谊和忠诚。

二月出生的孩子要寻找真诚和平和的心态，只有紫水晶能给予从热情和守护中而来的自由。

三月出生的孩子刚睁开眼睛就充满了智慧，在危险中保持坚定和勇敢，佩戴鸡血石（碧玉）直到走进坟墓。

四月出生的孩子留有岁月的痕迹，应该佩戴广为人知象征无罪的钻石，以免悔恨苦涩的泪水白白流逝。

五月出生的孩子最先拥抱春天甜蜜的花海和阳光，佩戴祖母绿一辈子，做一个被爱和幸福的妻子。

六月出生的孩子和夏天一道降临，佩戴玛瑙的戒指将带来健康、财富和长寿。

七月出生的孩子点缀着红宝石的光辉，他们将从爱情的怀疑和不安中豁免而自由。

八月出生的孩子没有婚姻的幸福，只有佩戴红玛瑙才会远离无爱和孤独。

九月出生的孩子感受着九月的微风，在额头上戴着蓝宝石将会治疗精神上的疾病。

十月出生的孩子天生有难，他们必须要知道生活的变迁兴衰，在胸前佩戴欧泊，希望将会抚平一切忧愁。

> 一月生纪念石——石榴石

> 二月生纪念石——紫水晶

> 三月生纪念石——海蓝宝石

> 五月生纪念石——祖母绿

> 四月生纪念石——钻石

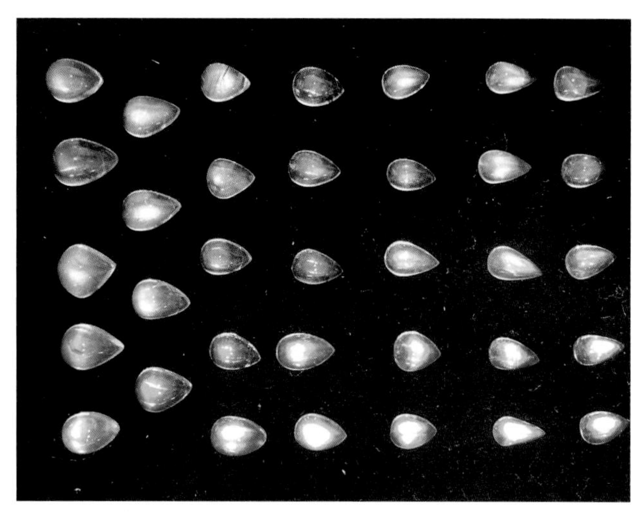

> 六月生纪念石——月光宝石

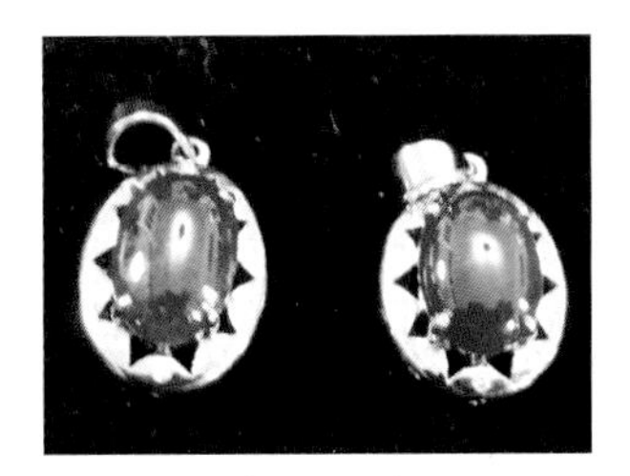
> 七月生纪念石——红宝石

> 八月生纪念石 1——橄榄石

> 八月生纪念石 2——红玛瑙

> 九月生纪念石——蓝宝石

> 十月生纪念石 1——碧玺

> 十月生纪念石 2——欧泊

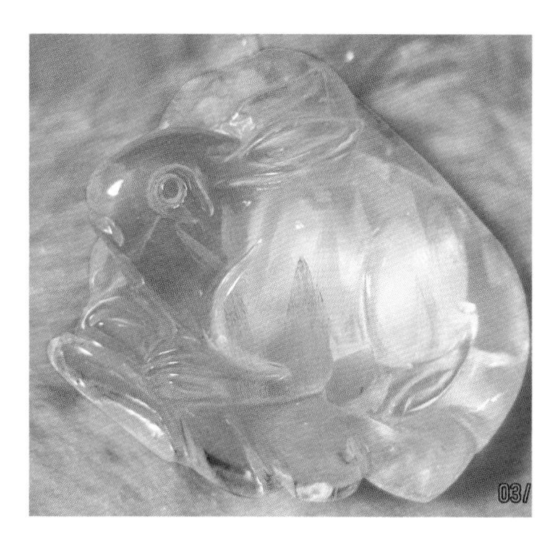

> 十一月生纪念石——托帕石

> 十二月生纪念石 1——绿松石

十一月出生的孩子最先体会零下的世界，在十一月冰冷的雾和雪中赞美托帕石和琥珀的黄色调，象征着真正的朋友和爱人。

十二月出生的孩子出生在寒冷的冰雪和欢笑中，把手放在蓝色的绿松石上，所做的一切都会受到成功的祝福。

1912 年，为了规范生辰石，美国国家宝石商协会在堪萨斯州召开了一次会议并推出了一份官方名单。美国珠宝玉石行业协会于 1952 年更新了这份名单，为 6 月添加了变石，11 月添加了黄水晶，为 10 月指定了粉色碧玺，将 12 月的青金石换成了锆石，将 3 月的主石和副石调换。最近的一次更改是在 2002 年 10 月，添加坦桑石作为 12 月的生辰石，至此就是现在所用的生辰石。

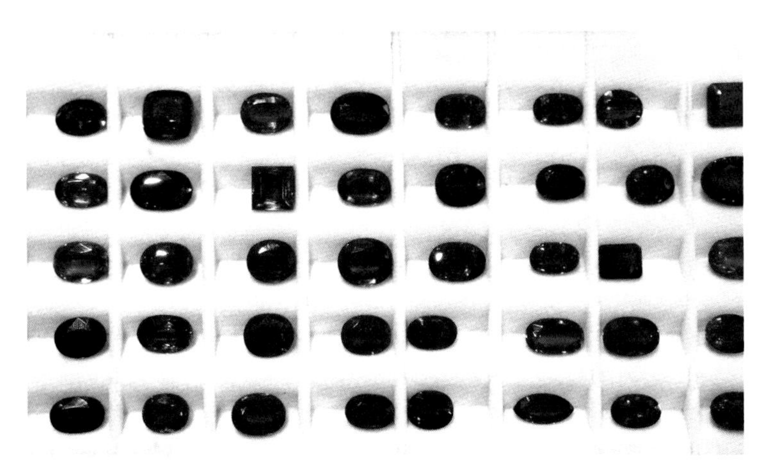

> 十二月生纪念石 2——坦桑石

不同时期不同国家的生辰石标准

月份	15 ~ 20 世纪	美国（1912）	美国（2012）	英国（2012）	印度
一月	石榴石	石榴石	石榴石	石榴石	蛇纹石
二月	紫水晶、锆石、珍珠	紫水晶	紫水晶	紫水晶	月光石
三月	鸡血石、碧玉	鸡血石、海蓝宝石	海蓝宝石、鸡血石	海蓝宝石、鸡血石	黄金男性生殖器像
四月	钻石、蓝宝石	钻石	钻石	钻石、水晶	钻石
五月	祖母绿、玛瑙	祖母绿	祖母绿	祖母绿、绿玉髓	祖母绿
六月	猫眼、绿松石、玛瑙	珍珠、月光石	珍珠、月光石、变石	珍珠、月光石	珍珠
七月	绿松石、缟玛瑙	红宝石	红宝石	红宝石、红玉髓	蓝宝石
八月	红玛瑙、红玉髓、月光石、托帕石	红玛瑙、橄榄石	橄榄石	橄榄石、红玛瑙	红宝石
九月	橄榄石	蓝宝石	蓝宝石	蓝宝石、青金石	锆石
十月	欧泊、海蓝宝石	欧泊、碧玺	欧泊、碧玺	欧泊	珊瑚
十一月	托帕石、珍珠	托帕石	托帕石、黄水晶	托帕石、黄水晶	猫眼
十二月	鸡血石、红宝石	绿松石、青金石	绿松石、锆石、坦桑石	坦桑石、绿松石	托帕石

 彩色宝石的收藏与养护

彩宝是大自然赠与人类的最美的礼品，在人类几千年的物质和精神文明的众多具体事例中，人们为了得到它，曾付出了千辛万苦的寻宝、藏宝的努力和各种奇思妙想的行动，当然也包括残酷的抢夺及战争。好不容易才得到的珍宝又是如此之少、如此之珍贵，自然就体现了彩宝的收藏价值。彩宝的养护也与此同时被提到重要的一环。

>香港 2013 年珠宝交易会上出售的彩钻，重 4.6 克拉

1. 彩宝的收藏价值

（1）彩宝是一种不可替代的、不可再生的稀有的自然资源

曾几何时，数十万人从世界各地拥入南非金伯利地区寻找、开采金刚石。而现在的金刚石矿已经变成一片水域，成了人们旅游休闲的胜地，后人只能在当地的宣传材料上看到当时开采的盛况和矿工们的悲惨生活。每一粒知名钻石的背后，都有许多或曲折或悲惨的故事，而在人类几千年的文明历史中，最珍贵的钻石却屈指可数，因此它们的收藏价值自然是极高的。

>18K 白金加钻镶金色蓝宝石戒指

> 斑彩螺（欧泊）原料及制成品

（2）彩宝是人类文明和文化的象征，具有极高的纪念价值、历史价值，更显其收藏价值

在人类社会的发展历史中，为争夺宝藏引发的战争，一粒粒稀有珍宝的传奇及因为某一块宝石的作用而在人类历史上述说了众多悲欢离合的故事，更增添了人们珍惜收藏彩宝的兴趣，即使一般小户人家，只要衣食无忧的绝不会将祖辈留下的珍贵宝贝轻易转手。这些宝贝又成了收藏社会历史和记忆及联系人们亲情、友情的具体实物代表。直到今天，我们仍可在许多引人入胜的小说、电影中看到这些场面。

英国王冠上的大粒钻石就有一段传奇故事；美国纽约博物馆中大粒的祖母绿、红蓝宝石、稀有碧玺晶体都是由几位很有爱心的收藏家收藏而最后捐献给博物馆的；法国卢浮宫、俄罗斯的冬宫和夏宫、中国的故宫博物院中的许多有名的珍贵彩宝，都是人们精心收藏保护，才使今天的人们能有幸一睹。

> 18K 白金加小粒祖母绿镶嵌的蛋面磨工祖母绿戒指

（3）彩宝的需求与产出矛盾日益突出，更显示出其珍贵性、增值性及硬通货价值，其收藏价值日显突出

随着世界经济的发展和人们生活水平的不断提高，对彩宝的需求量日益增长，而极为稀有的自然资源的生产远远赶不上日常需求，促使近几年世界各地从钻石到极普通的葡萄石、紫水晶价格都不断上涨。符合收藏意义的“美、久、少、小”特征的彩宝，收藏的意义比其他物品收藏意义更胜一筹。

彩宝的收藏价值除体现在其稀有珍贵性外，在装点和美化人们的生活中也是必不可少的。有人以为中国人只喜欢翡翠和白玉，这是不全面的。

> 坦桑石磨制雕花的小坠

早在明代，云南就有收藏红宝石的记载，杜十娘的百宝箱中不也列出祖母绿、猫儿眼等等；1910年前后的上海老照片中就有戴红宝石戒指的女性；抗日战争期间，昆明女性就多戴月光石戒指（昆明老话叫蓝闪）……

近十几年来，富裕起来的中国人，对彩宝的需求日益增加，购买和收藏彩宝已经渐成气候。由于不断减少的产量和日益旺盛的需求，无形中增加了彩宝的经济价值和收藏价值，彩色钻石、红蓝宝石、祖母绿、金绿宝石、碧玺、海蓝宝石、托帕石、坦桑石、葡萄石等均为有收藏前景的彩宝。

＞越南产蓝宝石琢手玩件

为了满足人们对彩宝的需求，许多科学家试图通过人工的方法来制造各种彩宝。目前金刚石、与钻石极像的碳化硅人造钻石、立方氧化锆、人造红宝石、人造蓝宝石、人造祖母绿、人造紫水晶等等人造彩宝相继问世。虽然人造彩宝与天然彩宝具有逼真相似性（物化性质基本相似），有同样好的装饰效果，但是缺少天然彩宝特有的天然产出唯一性和每一块彩宝固有的独特特征，没有收藏价值，且因其能无限生产而影响了其价值和非雷同性。当然，人造彩宝作为装点人们生活的饰品，无疑具有广阔的前景。而作为收藏来说，毕竟天然彩宝独胜一筹。据有关资料显示，有的钻石首饰经历400年历史洗礼依然光亮如初，它的美丽依然保持原样。所以天然宝石具有更高的收藏价值。

＞坦桑石戒（坠）面

2. 彩宝的养护

如何使所拥有的彩宝完美无缺、永保娇艳美好的色泽和耀眼的光泽，这是许多人经常问到的问题。以笔者多年的经验和前人积累的经

＞含铬辉石天然原料及琢成的宝石

> 人工合成的宝石原料，生产量多而价格低

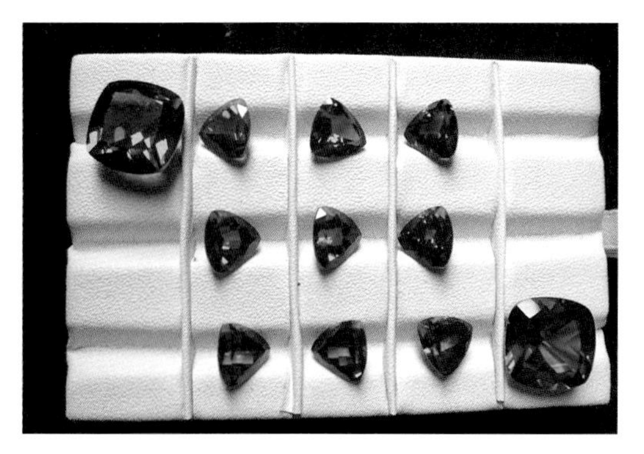

> 人工方法生产的祖母绿，非常纯净

> 人工合成立方氧化锆磨制的刻面宝石，装饰效果很好，产量大，价格低

验总结，彩宝的保养应该从以下几方面入手：

（1）所有彩宝多以琢磨成棱面的形式出现，虽然大部分彩宝硬度都超过 7 度，但是面与面相交的棱面韧度较差，最容易被损坏，故欣赏彩宝裸石时要在极度安全的地方，用专用的设备观看，不慌不乱，轻拿轻放，相互间不要碰撞。

（2）不同的彩宝硬度不同，要分开存放，装在特用的盒子里，四周用软纸或者绒布垫实，运输时，要将其固定放，让其在盒子内不会滚动。

（3）已经镶嵌制作好的彩宝，佩戴是最好的保养，佩戴前后都要用专用绒布擦拭，佩戴时因与皮肤的接触而有一定的摩擦，人体的水分对彩宝有养护作用。戒指类彩宝佩戴时手不宜做大的甩动和挥动，以免不小心碰到硬物使彩宝破裂。

（4）绝大部分彩宝都能经受阳光照射和一般酸碱，但有的彩宝如欧泊不宜靠近较高温度的火源（烤火等），长期使用洗手液对欧泊类宝石也有伤害。欧泊如长期不使用，可在表面擦上一点橄榄油以免脱水失色和开裂。

（5）长期保存而不使用的彩宝，必须定期或者至少每年取出用洗干净的手指在表面擦拭，然后再用绒布擦拭后放入盒内收藏起来。

E N D I N G

结束语

历经半年多的努力，终于将这本书的初稿完成，其实在撰写此书的前两年，笔者就着手将多年以前的讲课资料进行整理以及外文资料的查找、翻译和有关标本的收集、拍照，在书稿写成之时，已经积累了大量书面资料和一些实物标本。

这本书不是教科书，因为它不符合教学大纲编写要求；它也不是个人的创作，而是在前人早已积累的大量资料下，结合笔者多年的实践经验写出的，仅供喜欢彩宝的人士茶余饭后翻一翻，如果大家能从中学到一点知识，那么我们就很是欣慰了。

其实自然界有许多的珍宝如珍珠、琥珀等本书就没有写入，也有许多笔者未见过的彩宝也无法向读者介绍，挂一漏万在所难免，恳请读者包涵。

在此，感谢云南省政府将石产业作为云南的支柱产业来抓，给笔者以动力；感谢云南省石产业促进会、云南省珠宝玉石首饰行业协会、云南省珠宝玉石文化促进会的各位领导、各位同仁的关心、支持；当然还要感谢云南科技出版社的促成和努力；感谢云宝斋、敬宝斋、福裕珠宝、忠芳珠宝、晶珏水晶、五福堂、鸿顺珠宝等的大力支持，提供了大量相关资料及彩宝实物供拍摄；感谢家人、亲友的鼓励支持，总之，这是众人拾柴火焰高而促成的成果。

本书由肖毅作资料的整理、打印、编码、修改、插图，耗工费时，功不可没，在此记之，一并作谢。

肖永福　孟　龚

参考文献

[1] 章鸿钊遗著 . 宝石说 . 武汉：武汉地质学院出版社，1987.

[2] 辞典办公室 . 地质词典 . 北京：地质出版社，1981.

[3] 郭宝罗，刘辅臣，黄洁 . 宝石学教程 .1989.

[4] 李娅莉，薛秦芳 . 宝石学基础教程 . 北京：地质出版社，2002.

[5] 美国史密森协会 .Rock and Gem. 史密森出版社，2005.

[6] 张蓓莉 . 系统宝石学 . 北京：地质出版社，2006.

[7] 肖永福 . 宝玉石学概论 . 1989.

[8] 肖永福 . 翡翠精品鉴赏 . 昆明：云南科技出版社，2012.

[9] 美国宝石学院 http://gia4cs.gia.edu

[10] 名钻欣赏 http://www.21gem.com/ags/ags-d/d-mz/mz0.htm

[11] 生辰石 http://en.wikipedia.org/wiki/Birthstones

[12] 结婚周年纪念日 http://en.wikipedia.org/wiki/Wedding_anniversary